Quintessenz-Reihe

Reihenherausgeber
Nils Bickhoff
Quintessential Strategies
Hamburg, Germany

Weitere Bände in dieser Reihe:
http://www.springer.com/series/8682

Tom Sommerlatte • Jean-Luc Fallou

Quintessenz der Vertrauensbildung

Springer Gabler

Tom Sommerlatte
TMI Trust Management Institut e. V.
Wiesbaden
Deutschland

Jean-Luc Fallou
Fonds de dotation
Trust Management Institute
Paris
France

ISSN 1869-6414
ISBN 978-3-642-31384-4 ISBN 978-3-642-31385-1 (eBook)
DOI 10.1007/978-3-642-31385-1
Springer Heidelberg Dordrecht London New York

Die Deutsche Nationalbibliothek verzeichnet diese Publikation in der Deutschen Nationalbibliografie; detaillierte bibliografische Daten sind im Internet über http://dnb.d-nb.de abrufbar.

Springer-Gabler

Lektorat: Juliane Topka, Hamburg (www.julianetopka.de)

Gedruckt auf säurefreiem und chlorfrei gebleichtem Papier

Springer Gabler ist eine Marke von Springer DE. Springer DE ist Teil der Fachverlagsgruppe Springer Science+Business Media
(www.springer-gabler.de).

Inhalt

Prolog

Vertrauensmangel, wie wir ihn heute zunehmend in der Gesellschaft und in den Unternehmen beobachten, ist nicht nur ein atmosphärisches Problem, mit dem man leben könnte. Vertrauensmangel macht sich in den Unternehmen in vielen konkreten Situationen und bei wichtigen strategischen und operativen Vorhaben negativ bemerkbar, indem er hohen Aufwand verursacht, den Fortgang von Prozessen lähmt, zu Zeitverlust führt, den Erfolg beschneidet und Nachhaltigkeit verhindert. Auch zwischen Unternehmen bewirken Misstrauen und die daraus resultierenden Absicherungsformalismen immer höheren Aufwand und höhere Kosten. Viele Chancen gehen dadurch verloren.

Vertrauen ermöglicht es dagegen, mit weniger Absicherungs- und Kontrollaufwand zu interagieren. Die Qualität und Effektivität des Zusammenwirkens ist spürbar höher, als wenn kein Vertrauen besteht. Wissenschaftliche Untersuchungen haben in der Tat aufgezeigt, dass Vertrauen die Leistungs- und Innovationsfähigkeit erhöht, während Vertrauensschwund zu Entwicklungsblockaden und dysfunktionalem Verhalten führt.

Unternehmensexterne Einflüsse und der immer schnellere Wandel der strategischen und operativen Herausforderungen lassen die bisher etablierte Vertrauensbasis in und zwischen den Unternehmen erodieren. Deshalb ist Vertrauen zu einem immer wichtigeren Thema in der Unternehmensführung geworden. Viele Führungskräfte sind jedoch nicht auf die wachsenden Anforderungen im Bereich der Vertrauensbildung vorbereitet und tragen sogar oft unbewusst dazu bei, dass sich bei ihren Mitarbeitern und Geschäftspartnern Kritikpunkte ansammeln und das Vertrauen schwindet.

Dieses Buch befasst sich mit den Möglichkeiten, ein positives Vertrauensklima im Unternehmen zu schaffen. Ein solches Klima ist die Basis dafür, den bestehenden und kommenden Herausforderungen erfolgreich zu begegnen.

Im Rahmen unserer eigenen langjährigen Führungserfahrung und unserer beratenden Zusammenarbeit mit vielen Spitzenführungskräften der Wirtschaft und

T. Sommerlatte, J.-L. Fallou, *Quintessenz der Vertrauensbildung*, Quintessenz-Reihe,

DOI 10.1007/978-3-642-31385-1_1,

der öffentlichen Hand sind wir zu der Erkenntnis gelangt, dass die neue Vertrauensbasis, die unsere Gesellschaft dringend braucht, *in den Unternehmen* entstehen muss. Denn Unternehmen bilden das soziale Milieu, in dem die Beteiligten sich einem unstrittigen Maßstab stellen müssen: dem des ökonomischen Erfolgs im Wettbewerb.

Die neue Vertrauensbasis, so unsere Erfahrung, muss auf einem unsichtbaren, aber verlässlichen Vertrag zwischen Unternehmensleitung und Mitarbeitern beruhen, der den heutigen unternehmensexternen Gegebenheiten gerecht wird und eine neue Solidarität in den Unternehmen bewirkt, die sie leistungsfähiger und zukunftsfähiger macht.

Einstieg: Warum dieses Buch – und für wen?

Dieses Buch richtet sich an Verantwortungsträger an der Spitze eines Unternehmens. Ihnen soll es helfen, die ihnen anvertrauten Menschen sicherer und erfolgversprechender zu führen.

Der Inhalt dieses Buches betrifft Sie, wenn Sie

- sich immer stärker gefordert sehen, bei den Menschen, die Sie führen, Teamgeist und Einsatzbereitschaft zu wecken und ihre Identifikation mit dem Unternehmen zu stärken,
- gemeinsam besser gegen die Herausforderungen und Verunsicherungen gewappnet sein wollen, die der Wettbewerb und der wachsende Leistungsdruck hervorrufen,
- sich immer wieder die Frage stellen, wie Sie in Ihrem Unternehmen das Vertrauen herstellen können, dass es zuverlässig geführt wird und aufgrund seiner Fähigkeiten und Innovationskraft Zukunft hat.

Es geht in diesem Buch jedoch nicht um neue organisatorische Lösungen, nicht um neue Ansätze der Effizienzsteigerung und Rationalisierung oder um Prozessoptimierungen. Vielmehr geht es um die Voraussetzung dafür, dass derartige Veränderungen, wenn sie für die Entwicklung Ihres Unternehmens erforderlich sind, den größtmöglichen Erfolg zeitigen.

In unserer 40-jährigen Führungs- und Beratungstätigkeit haben wir für zahlreiche Unternehmen und in Zusammenarbeit mit vielen Führungspersönlichkeiten Maßnahmen entwickelt und deren Umsetzung organisiert, die dazu dienten, die Leistungsfähigkeit der Unternehmen zu erhöhen. Fast immer meinten wir, gut vorangekommen zu sein, und konnten Erfolge vermelden. Und dennoch empfanden wir oft ein Unbehagen, dass etwas auf der Strecke geblieben, dass das Ergebnis nicht vollständig war, dass viele der involvierten Menschen auch weiterhin Hintergedanken hegten und sich defensiv verhielten. Der Wille, sie die Veränderungs-

T. Sommerlatte, J.-L. Fallou, *Quintessenz der Vertrauensbildung*, Quintessenz-Reihe,
DOI 10.1007/978-3-642-31385-1_2, © Springer-Verlag Berlin Heidelberg 2012

prozesse mitgestalten zu lassen, um ihr „Buy-in“ zu gewinnen, war nicht fruchtlos, aber zwischen der Führung und den Geführten blieb meist ein uneingestandenes Absicherungsverhalten, besonders wenn es darum ging, Ziele zu vereinbaren, Verantwortung zu übernehmen und Neues anzugehen. Die Bemühungen, Bedenken und Zweifel auszuräumen, schienen selten nachhaltige Wirkung zu haben. Die Menschen betrachteten sich bei genauerem Hinsehen im Endeffekt meist als manipuliert.

Warum war bzw. ist das so? Und kann man diese latente Schwächung der inneren Kraft der Unternehmen weiter hinnehmen?

Wir diskutierten intensiv mit Kollegen, beobachteten uns selbst und lasen uns in die überraschend reichhaltige wissenschaftliche Literatur über Vertrauensforschung ein. So sahen wir allmählich immer klarer, was die Ursache unseres so lange verdrängten Unbehagens ist: In vielen Unternehmen herrscht ein *Vertrauensschwund*, der sich in einem Mangel an innovativer Initiative, in einem steigendem Abstimmungsaufwand selbst bei alltäglichen Geschäftsabläufen und in unproduktivem Absicherungsdenken und -verhalten niederschlägt. Wer die Augen vor dieser Situation verschließt, leistet dem Vertrauensschwund weiter Vorschub.

Viele Unternehmen versuchen ihre Wettbewerbsfähigkeit zu sichern, indem sie ihre Prozessorganisation immer stärker durchoptimieren und ihre IT-Systeme ausbauen. Diese Maßnahmen verstärken jedoch häufig den Vertrauensschwund, denn sie zielen darauf ab, die Abhängigkeit von menschlicher Performance immer mehr durch technische Systeme zu ersetzen, denen eine höhere Effizienz und Zuverlässigkeit beigemessen wird. Aber das Vertrauen in die Systeme erodiert in dem Maß, in dem diese komplexer und anfälliger werden, ihrerseits Abhängigkeit erzeugen und innovative Veränderungen erschweren. Dagegen bilden Menschen, denen die Unternehmensführung vertrauen kann und die ihrem Unternehmen ein Mindestmaß an Vertrauen entgegenbringen, die treibende Kraft, die die Unternehmen lebendig erhält.

Deshalb messen wir der Fähigkeit, ein gutes Vertrauensklima zu schaffen, heute eine existenzielle Bedeutung bei. Vertrauen ist in erster Linie ein Phänomen menschlicher Beziehungen und beruht auf Gegenseitigkeit. Es geht hier nicht um blindes Vertrauen und nicht darum, Skepsis und Vorsicht zu eliminieren. Vielmehr gilt es, Menschen in die Lage zu versetzen, ihre Zusammenarbeit durch gegenseitige Würdigung, Verlässlichkeit und Offenheit zu beflügeln und dadurch gemeinsam mehr zu erreichen als mit „Dienst nach Vorschrift“.

Dieses Buch entspringt dem Versuch, langjährige und kritisch reflektierte Führungserfahrungen mit Erkenntnissen aus der Vertrauensforschung zu verbinden, um praktikable Denkanstöße zu geben und Ansätze einer vertrauensorientierten Unternehmensführung darzulegen.

Was bedeutet eigentlich Vertrauen?

1 Definitorisches

Mit der Bedeutung von Vertrauen für die Beziehung zwischen Personen und Organisationen hat sich die Wissenschaft umfassend auseinandergesetzt, sowohl auf dem Gebiet der Persönlichkeitspsychologie, der Organisationspsychologie und der Soziologie als auch auf dem der Wirtschaftswissenschaften und hier insbesondere in der ökonomischen Theorie. Einen guten Überblick über den aktuellen Stand der Forschung liefern unter anderen Gilbert (2007), Brandenburg (2005) und Eberl (2003). Der Transfer der wissenschaftlichen Erkenntnisse in die unternehmerische Praxis hat jedoch bisher nur in Anfängen stattgefunden. Der Grund dafür liegt unserer Ansicht nach darin, dass die methodischen Ansätze, die für die praktische Anwendung erforderlich sind, in deutschen Unternehmen noch wenig bekannt sind. In den angelsächsischen Ländern und Frankreich dagegen ist Literatur über „Tools" der Vertrauensbildung weiter verbreitet (Fallou und Sérieyx 2010).

In der Vertrauensforschung wird zwischen *personalem Vertrauen*, d. h. dem Vertrauen in der Beziehung zwischen Individuen, und *Systemvertrauen*, d. h. dem Vertrauen in ein soziales System, in eine Organisation als Ganzes, differenziert. Die sozioökonomische Vertrauensforschung bezieht die Phänomene *Vertrautheit, Zutrauen und Zuversicht* in ihrer Beziehung zu Vertrauen ein (Luhmann 2001; Giddens 1999). Danach schafft *Vertrautheit* Vertrauen, indem sie die Erwartung erzeugt, dass sich das vertraute Gewesene in die Zukunft fortsetzt. Das kann auf der personalen Ebene durch die Erfahrung von Glaubwürdigkeit, Verlässlichkeit und Authentizität einer Person geschehen, auf der Systemebene durch die Erfahrung der Funktionsweise eines sozialen Systems. Systemvertrautheit schafft Systemvertrauen, indem sie die Erwartung erzeugt, dass sich ein soziales System (eine organisierte Gruppe von Personen) auch in Zukunft nach vertraut gewordenen Regeln und Werten verhalten wird. *Zutrauen* entsteht, wenn man einer Person oder einer Gruppe von Personen die Kompetenz beimisst, bestimmte Leistungen zu erbrin-

T. Sommerlatte, J.-L. Fallou, *Quintessenz der Vertrauensbildung*, Quintessenz-Reihe,
DOI 10.1007/978-3-642-31385-1_3, © Springer-Verlag Berlin Heidelberg 2012

gen. Zutrauen ist eine notwendige, aber nicht ausreichende Bedingung für Vertrauen, denn Vertrauen erfordert auch Annahmen über die Handlungsmotivation der anderen Person oder Gruppe von Personen (Schäffer 2001). Während der Vertrauende sich der Unsicherheit und des Risikos einer Enttäuschung oder eines Verlusts bewusst ist, aber das Risiko als akzeptabel hinnimmt, ist *Zuversicht* eine Haltung, die das Risiko ausblendet und Hoffnung ins Spiel bringt. Im Extrem wird Zuversicht zu blindem Vertrauen.

Ein engeres Verständnis in der (institutionsökonomischen) Vertrauensforschung sieht Vertrauen als Erwartung an, dass die andere Seite motiviert werden kann, auf entgegengebrachtes Vertrauen nicht opportunistisch zu ihrem einseitigen Vorteil zu reagieren. Dieses *kalkulierende Vertrauen* zielt darauf ab, auf Sicherungsmaßnahmen verzichten und die Transaktionskosten senken zu können (Williamson 1993).

Die dem Systemvertrauen unterliegenden Annahmen über wechselseitige Verpflichtungen zwischen den Organisationsmitgliedern und der Organisation werden als *psychologischer* oder *unsichtbarer Vertrag* bezeichnet (Rousseau 1995; Robinson 1996). In diesem Buch benutzen wir die Bezeichnung „unsichtbarer Vertrag".

Zwischen personalem Vertrauen und Systemvertrauen besteht eine enge Wechselbeziehung, denn die Führungskräfte eines Unternehmens werden dafür verantwortlich gemacht, dass der unsichtbare Vertrag eingehalten wird. Von ihrer personalen Vertrauenswürdigkeit hängt das Vertrauensniveau im Unternehmen und damit das Systemvertrauen ab. Diese Wechselbeziehung und die Verhaltens- und Handlungsweisen der Führungskräfte, die das *Vertrauensklima* und den unsichtbaren Vertrag im Unternehmen konditionieren, sind der zentrale Gegenstand dieses Buches. Es liefert methodische Ansätze dafür, das Vertrauensklima und den unsichtbaren Vertrag eines Unternehmens zu bestimmen und ihre Weiterentwicklung im Interesse des Unternehmenserfolgs zu beeinflussen.

2 Auf Vertrauen vertrauen?

Welche Rolle und Bedeutung Sie als Führungskraft dem Vertrauen beimessen, hängt davon ab, wie stark Sie auf die Wirkung von Vertrauen vertrauen.

Um welche Wirkung geht es?

Sie agieren in einem Netz von Beziehungen, in dem es unterschiedliche Vertrauensverhältnisse gibt: Abgesehen von Ihrem Selbstvertrauen geht es – um nur die wichtigsten zu nennen – um das gegenseitige Vertrauen in der Beziehung zu

- den Menschen, denen gegenüber Sie verantwortlich sind (Ihren Vorgesetzten oder Ihrem Aufsichtsrat),

- den Menschen, die Ihnen gegenüber verantwortlich sind (deren Vorgesetzter Sie sind),
- den Kollegen, mit denen Sie Führungsverantwortung teilen, und
- den Geschäftspartnern Ihres Unternehmens.

Ihren Vorgesetzten können Sie vertrauen, wenn diese sich Ihnen gegenüber offen und fair verhalten; wenn Sie annehmen können, dass die Gedanken und das Verhalten dieser Menschen sich im Rahmen von gemeinsamen Werten und Vorstellungen bewegen, und wenn Sie deren Beurteilungs- und Entscheidungskompetenz anerkennen. Ist das nicht der Fall, so benötigen Sie vertragliche Absicherungen und detaillierte Absprachen, die Ihr Risiko von Konflikten und Meinungsverschiedenheiten kompensieren, und Sie sehen sich mit der Notwendigkeit konfrontiert, Ihre Führungsentscheidungen immer wieder daraufhin abzuwägen, ob Sie damit das Missfallen Ihrer Vorgesetzten erregen könnten. Ein großer Teil Ihrer Energie geht dann durch Bemühungen verloren, diese Unsicherheit zu bewältigen.

Wenn Sie dagegen Vertrauen in Ihre Vorgesetzten haben, so wirkt sich dies bestärkend und beflügelnd auf Sie aus – Sie können Ihre unternehmerische Initiative und Ihren produktiven Einsatz voll entfalten. Dazu benötigen Sie aber auch das Vertrauen Ihrer Vorgesetzten in Sie, das Sie erwerben und erhalten müssen. Dass Sie das können, sagt Ihnen im besten Fall Ihr Selbstvertrauen. Vielleicht beschleichen Sie aber auch hin und wieder Zweifel, ob Sie dieses Vertrauen weiterhin in ausreichendem Maß besitzen, besonders in schwierigen Zeiten, in denen die Ergebnisse von den Zielen und Erwartungen abweichen. Nicht zu wissen, wie Sie Ihre Vertrauenswürdigkeit überzeugend unter Beweis stellen können, ohne sich unterwürfig oder aufschneiderisch vorzukommen, kann Sie verunsichern und Ihre unternehmerische Initiative beeinträchtigen – und so zu einer Self-fulfilling Prophecy werden.

Gegenseitiges Vertrauen zwischen Ihnen und Ihren Vorgesetzten hat eine Wirkung, die weit über andere Anreize und Ambitionen hinausgeht und die Wirkung aller bestehenden vertraglichen Leistungsverpflichtungen in den Schatten stellt. Wer das nicht selbst erlebt hat, ist wie ein Farbenblinder, der den Unterschied zwischen Rot und Grün nicht nachvollziehen kann.

Und wie sieht Ihr Vertrauensverhältnis mit den Menschen aus, deren Vorgesetzter Sie sind?

Ihren Mitarbeitern können Sie vertrauen, wenn Sie sich ihrer aufgabenbezogenen Kompetenz, ihrer Loyalität sowie ihres Vertrauens in Ihre Führung und in ihre Zukunftschancen im Unternehmen sicher fühlen. Auf dieser Basis können Sie Verantwortung delegieren, Spielraum für Kreativität lassen und hohen Einsatz erwarten. Wenn Ihnen aber das Vertrauen in das Vertrauen Ihrer Mitarbeiter fehlt oder Sie dem Faktor Vertrauen als solchem keinen nennenswerten Wert beimessen, dann brauchen Sie ein feinmaschiges Überwachungssystem, wenn Sie Verantwortung delegieren. Denn in diesem Fall können Sie hohen Einsatz nur durch ständigen Druck erzeugen und nicht mit der Loyalität der Mitarbeiter Ihnen und Ihrem Unternehmen gegenüber rechnen – besonders nicht in schwierigen Zeiten. Wenn Sie aber zu den Führungskräften gehören, die Vertrauen in die Wirkung von Vertrauen haben, dann liegen Ihre Prioritäten anders: Sie setzen darauf, ohne hohen Überwachungsaufwand, detaillierte Steuerung und ständigen Leistungsdruck das volle Engagement Ihrer Mitarbeiter zu gewinnen.

Aber Sie haben es heute immer schwerer, eine gegenseitige Vertrauensbasis mit Ihren Mitarbeitern zu schaffen, weil immer mehr *externe Einflüsse* der Vertrauensbildung entgegenwirken. Eine der größten Herausforderungen, denen Verantwortungsträger in den Unternehmen heute gerecht werden müssen, liegt unserer Erfahrung nach darin, sich über diese externen Einflüsse und deren Auswirkungen im Klaren zu sein und ihnen durch vertrauensbildendes Führungsverhalten zu begegnen.

3 Diagnose Vertrauensschwund – was tun?

In der Wirtschaft und in der Gesellschaft hat das Phänomen des Vertrauensschwunds in den letzten Jahren immer stärker um sich gegriffen.

Was ist von Banken zu halten, die das ihnen anvertraute Geld in ungeahntem Maß in dubiose Zertifikate und Anleihen steckten und nur durch staatliche Rettungsaktionen mit dem Geld der Steuerzahler vor dem Aus bewahrt werden konnten? Wer kann sie als kompetente Partner ansehen, wenn sie bei Kreditverhandlungen insbesondere mit mittelständischen Firmenkunden immer akribischere Absicherungsformalismen anwenden, während sie in großen Kreditgeschäften hohe spekulative Risiken eingegangen sind? Wenn Banken auch einander nicht mehr über den Weg trauen und deshalb Interbanktransfers zum Erliegen kommen? Die offensichtlich gewordene Krisenanfälligkeit der undurchschaubaren internationalen Finanzwelt scheint wie ein Damoklesschwert über der Wirtschaft zu schweben und schürt Verunsicherung bei den Menschen.

Kaum jemand versteht, wie Vorstände auch weiterhin hohe Gehälter und Boni kassieren konnten, während ihre Unternehmen durch Missmanagement in Schwierigkeiten gerieten, Arbeitsplatzabbau in großem Maßstab verkündeten oder einschneidende Restrukturierungen durchlaufen mussten. Und das betrifft nicht nur Banken und Versicherungsgesellschaften. An solchen Fällen entzündet sich zunehmend die Frage nach der Vertrauenswürdigkeit und der sozialen Fairness des gesamten Wirtschaftssystems.

Wie konnte es geschehen, dass selbst Unternehmen, die immer im Ruf standen, über eine tadellose Führung und durchdachte Strategien zu verfügen, in den Strudel von Korruptionsfällen, Fehlverhalten von Führungskräften und Verstößen gegen den Datenschutz ihrer Mitarbeiter gerieten? Die publik gewordenen Fälle moralischen Versagens und folgenreicher Fehler von Führungskräften, die die Medien immer wieder ausbreiten, werden im Bewusstsein der Öffentlichkeit verallgemeinert und haben zu einem tiefen Misstrauen gegenüber „den Managern" geführt. Diese Atmosphäre von Misstrauen wird zusätzlich genährt von den Erfahrungen vieler Menschen, deren Arbeitsplätze durch Produktionsverlagerungen in Niedriglohnländer oder durch Konkurrenz aus diesen Ländern vernichtet wurden oder gefährdet sind. Auch wirtschaftlicher Aufschwung wird in dieser Atmosphäre als anfällig angesehen, als eine Art von Ausverkauf von Know-how und Produkten, die in den Niedriglohnländern kopiert werden und früher oder später von dort aus die Märkte überschwemmen.

Die hohe Staatsverschuldung Deutschlands hält die Regierung nicht davon ab, bankrottgefährdeten Mitgliedsländern der Euro-Zone unvorstellbar hohe staatliche Kredite zu gewähren, während im eigenen Land Gemeinden verarmt sind und wichtige öffentliche Investitionen verschleppt werden. Dieses Vorgehen erzeugt allgemein so etwas wie staunende Resignation, die durch den Widerstreit der politischen Parteien und Instanzen darüber, wie damit umzugehen ist, noch verstärkt wird, denn dieser Widerstreit scheint taktischer Natur zu sein und keine wirklichen Lösungsansätze bereitzuhalten. „Wir alle spüren, was der Soziologe Ulrich Beck mit dem Begriff ‚Risikogesellschaft' umschrieben hat. Wir spüren, dass gesellschaftlich produzierte Risiken jeden treffen können und merken, dass wir mit der Nichtreduzierbarkeit gewisser Risiken leben müssen", so die Präsidentin des First International Network on Trust (FINT), Prof. Dr. Antoinette Weibel (Beck 1986; Weibel 2011).

Verunsicherung und Misstrauen, die angesichts der allgegenwärtigen Risiken in der Gesellschaft immer mehr zu einem Dauerzustand werden, machen nicht an den Unternehmensgrenzen Halt, sondern wirken in die Unternehmen hinein, indem Mitarbeiter Verhaltensweisen an den Tag legen, die durch die beschriebenen externen Einflüsse von Vorbehalten und Irritationen behaftet sind. Wenn es um das Vertrauensklima eines Unternehmens ohnehin nicht zum Besten bestellt ist, können die immer negativeren externen Einflüsse zu einem völligen Bruch des unsichtbaren Vertrags zwischen Unternehmensleitung und den Mitarbeitern führen, wie wir ihn in vielen Unternehmen heute beobachten.

Erleben wir das Ende des Vertrauens? Müssen die Unternehmen und öffentlichen Institutionen sich und ihre Mitarbeiter einem immer lückenloseren System von Kontrollen unterwerfen?

4 Kontrollieren versus vertrauen?

Misstrauen ist an sich eine vernünftige Anfangshaltung beim Aufbau menschlicher Beziehungen, denn die Risiken der Übervorteilung und Schädigung, der Täuschung und Fehleinschätzung, der Unzuverlässigkeit und Enttäuschung durch andere sind oft groß. Aber Misstrauen erschwert auch die Zusammenarbeit und führt zu aufwendigen Vorsichts- und Kontrollmaßnahmen, die, wo immer das Misstrauen unbegründet wäre, unnötig und damit unökonomisch und hinderlich sind. Menschliche Beziehungen und ganze Organisationen, in denen es gelungen ist, Misstrauen zu reduzieren und die Vertrauensbereitschaft zu erhöhen, erleben wir deshalb als fruchtbarer, effektiver und flexibler; vorausgesetzt, dass die existenziellen Risiken unter Kontrolle gehalten werden. Es geht darum, so viel Vertrauensbereitschaft zu investieren, wie die Schadensgefahr auf ein Maß begrenzt werden kann, das nicht existenzgefährdend wäre, falls der Schaden eintreten sollte.

„Wer vertraut, muss seine Risikobereitschaft unter Kontrolle halten. Er muss, und sei es nur zur Selbstvergewisserung, sich klar machen, dass er nicht bedingungslos vertraut, sondern in Grenzen und nach Maßgabe bestimmter, vernünftiger Erwartungen", befindet Luhmann (1989). Weibel folgert, dass „Kontrolle neben Vertrauen zur zweiten wichtigen Option wird, mit Risiken umzugehen. Sie reduziert die Gefahr, dass aus Risiken Schäden entstehen, indem sie Handlungsspielräume einschränkt und damit die Schadenswahrscheinlichkeit verringert. Wer kontrolliert, setzt Richtlinien, überwacht andere und sanktioniert Übertretungen, er macht Risiken dadurch handhabbarer. Sowohl Vertrauen als auch Kontrolle können als unabdingbare Voraussetzungen für das Leben in der Risikogesellschaft angesehen werden. Sie sind funktionale Äquivalente – sie erfüllen beide den gleichen Zweck" (Weibel 2011).

Über die Wechselbeziehung dieser zwei Mechanismen sind wir uns laut Weibel jedoch nicht im Klaren. Viel Kontrolle belaste Vertrauensbeziehungen und signalisiere Misstrauen, das bei den Kontrollierten eine Abwehrhaltung erzeuge. So könne das Paradoxon entstehen, dass Kontrolle jenes Verhalten überhaupt erst produziere, das durch Regulierung und Sanktionen verhindert werden soll. Während einerseits viele Studien davon ausgehen, dass Kontrolle gut, Vertrauen aber besser sei, zeigen andere, dass Vertrauen und Kontrolle einander ergänzen, dass Kontrolle Vertrauen im geschützten Rahmen gedeihen lasse und es den Vorgesetzten und den Unternehmen erleichtere, die Mitarbeiter unterstützend zu führen und damit auch deren Eigeninitiative und Motivation zu fördern (Weibel 2011).

In der Vertrauensforschung und in der Unternehmenspraxis werde daher, so Weibel weiter, die Frage immer relevanter, unter welchen Bedingungen Vertrauen und Kontrolle in einem komplementären Verhältnis stehen. Dabei spiele die Ausgestaltung der Kontrollsysteme auf der organisationsbezogenen und auf der interpersonalen Ebene eine Rolle. Damit vertrauensförderliche Kontrolle den Entwicklungsprozess von Vertrauen unterstütze, müsse sie der jeweiligen Vertrauenstiefe entsprechen: Wenn Vertrauen noch wenig ausgeprägt und fragil sei, müssten Kontrollsysteme geschützte Korridore bieten, innerhalb derer Vertrauen in kleinen Schritten geübt werden könne. Im späteren Verlauf einer Vertrauensbeziehung seien es dann eher Supervision und Coaching, die die Vertiefung des gegenseitigen Vertrauens unterstützten, während ein zu enges Monitoring Vertrauen schwächen würde. Es sei ein Unterschied, ob Kontrolle unterstützend auf Personalentwicklung oder einschränkend auf Bestrafung ausgerichtet sei. Einschränkende, bestrafende Kontrollsysteme provozierten Reaktanz – die Wahrscheinlichkeit, dass Mitarbeiter Dienst nach Vorschrift leisten, steige, während die Wahrscheinlichkeit, dass sie mitdenken und das Wohl des Unternehmens und der Kunden in den Vordergrund rücken, sinke. Dieses Verhalten schade wiederum sowohl dem Vertrauen der Vorgesetzten als auch dem der Kunden in das Unternehmen.

Regulierungen, klare Verantwortlichkeiten und Sanktionssysteme seien durchaus geeignet, angekratztes organisationsbezogenes Vertrauen zu restaurieren, denn sie garantierten Fairness, erleichterten die Zusammenarbeit mit den Kunden und ermöglichten dem Unternehmen, sowohl Milde als auch Härte zu zeigen. Aber die Stärkung des organisationsbezogenen Vertrauens werde unter Umständen teuer erkauft, indem die Kontrollsysteme gleichzeitig das Vertrauen in die Führungskräfte beschädigten, die die Überwachung und Sanktionen durchführen müssten. So hänge der sinnvolle Ausbau des Regulierungskatalogs davon ab, dass die Ausgestaltung vertrauensfördernd bleibe und eine konstruktive Orientierung behalte (Weibel 2011).

Kontrolle kann man machen – aber wie macht man Vertrauen?

Es gibt jede Menge Systeme, Techniken, Prozessmodelle, Anbieter und Berater, um Steuerungs- und Kontrollverfahren auszubauen, und die zu erwartenden Ergebnisse sind weitgehend sicht- und messbar. Vertrauen dagegen lässt sich nicht installieren, in Auftrag geben, anordnen und durchsetzen. Die zu erwartenden Ergebnisse lassen sich nicht kausal und zeitlich nachvollziehbar nachweisen. Das ist auch einer der Gründe, warum viele Unternehmensverantwortliche ihr Führungsheil im Zweifelsfall immer wieder in angeordneten Regulierungen, steuerbaren Prozessen und technischen Systemen suchen und wohl oder übel ein mittelmäßig ausgeprägtes Vertrauensklima und eine erzwungene und daher nicht beflügelte Performance hinnehmen.

Kann man dieses Dilemma überwinden, kann man Vertrauen wollen?

5 Vertrauen wollen

Es ist ein erhebendes Erlebnis, ein Unternehmen kennenzulernen, in dem die Mitarbeiter in einer Atmosphäre des Vertrauens mit hoher Motivation und Eigeninitiative tätig sind, in dem ein offenes und kooperatives Verhältnis zwischen ihnen herrscht, unabhängig von Hierarchiestufen und Bereichszugehörigkeit, und das sichtbar das Vertrauen seiner Kunden in die Kompetenz der Mitarbeiter, die Qualität und Preiswürdigkeit seiner Produkte und die Zuvorkommenheit seiner Services genießt. Ein Unternehmen, in dem alle wissen, dass und wie der erwirtschaftete Gewinn zum großen Teil in dessen Zukunftssicherung investiert wird, in den Ausbau seiner Kompetenz, in innovative Weiterentwicklungen der Unternehmensleistung und in die Erschließung neuer Geschäftsmöglichkeiten; das wegen seines Einsatzes für das Gemeinwohl die Anerkennung seines Umfeldes gewonnen hat und in dem in schwierigeren wirtschaftlichen Phasen alle zusammenstehen und solidarisch das Wohl des Unternehmens im Auge haben. Solche Unternehmen gibt es vorwiegend im Mittelstand. Sie sind überdurchschnittlich und dauerhaft erfolgreich, und sie erhalten Preise für ihre Innovationsleistung, für ihre Mitarbeiterfürsorge, für ihr soziales Engagement (Zum Beispiel: Die 100 besten Arbeitgeber im Mittelstand 2011a; Die 100 innovativsten Unternehmen im Mittelstand 2011b). Was sie gemeinsam haben, ist ein beneidenswertes Vertrauensklima.

Vertrauen zu gewinnen und zu schaffen, muss vor allem das persönliche Anliegen der Personen sein, die das Unternehmen leiten: also Ihr persönliches Anliegen. Nur wenn es für Sie erstrebenswert ist, von Ihren Mitarbeitern als vertrauenswürdig angesehen zu werden und ihnen bezüglich ihres Einsatzes für das Unternehmen zu vertrauen, kann ein Vertrauensklima im Unternehmen entstehen und können dessen positive Effekte eintreten. Es muss Ihnen *widerwärtig* vorkommen, von den Mitarbeitern gefürchtet zu werden oder auch nur unverstanden zu sein. Es muss Sie nerven, mit Mitarbeitern als misstrauischen Ausführenden von Anweisungen und Vorgaben zu tun zu haben. Es muss Sie irritieren, auf alle möglichen Arten Positives über Ihr Unternehmen verlautbaren zu lassen, das die Mitarbeiter als eigennützige Schönfärberei abtun.

Aber auch wenn Sie aus persönlicher Präferenz und Überzeugung ein Vertrauensverhältnis mit Ihren Führungskollegen und Mitarbeitern schaffen wollen und in der Vergangenheit in der Lage waren, dies durch Ihren persönlichen Stil und Ihr gewohntes Verhalten zu bewerkstelligen, so machen Sie heute wahrscheinlich die

Erfahrung, dass die Vertrauensbereitschaft schwindet und dass es immer schwieriger wird, Teamgeist und Offenheit zu schaffen.

Vertrauen zu schaffen, erfordert, so unsere Erfahrung, unter den heutzutage erschwerten Bedingungen neben dem Wollen eine eingehendere Auseinandersetzung mit den komplexen vertrauensbildenden Faktoren.

Faktoren der Vertrauensbildung

1 Komplexität der Vertrauensbildung

Eine Unternehmenskultur des Vertrauens entsteht durch das Zusammenspiel zwischen Ihrem Führungsverhalten, den operativen Verhaltensbedingungen im Unternehmen und den unternehmensexternen Einflussfaktoren. Sie hängt davon ab, wie Sie an der Unternehmensspitze die schrittweise Vertrauensbildung mit Ihren Führungskollegen, den Mitarbeitern, dem Betriebsrat und Ihren Geschäftspartnern angehen und wie Sie und die anderen Führungskräfte des Unternehmens im persönlichen Verhalten gegenüber den Mitarbeitern und in der Nutzung der Kontroll- und Steuerungssysteme die Gewichte verteilen.

Die entscheidende Frage ist, inwieweit Sie davon überzeugt sind, dass die nachhaltige Leistungsfähigkeit des Unternehmens vor allem vom Vertrauen der Mitarbeiter bestimmt wird – wobei Vertrauen als das Arbeitsverhältnis zu verstehen ist, bei dem Unsicherheiten, Inhibitionen und Beeinträchtigungen der menschlichen Beziehungen abgebaut sind und sich das Engagement der Menschen für den gemeinsamen Erfolg voll entfalten kann. Das so verstandene Vertrauen führt zu kollektiver Selbstverwirklichung, denn es erlaubt, dass sich individuelle Selbstverwirklichung und Gemeinschaftserfolg gegenseitig verstärken, während sie ohne Vertrauen in vielen Fällen miteinander konkurrieren.

Obwohl das Vorhandensein von Vertrauen für alle Beteiligten von Vorteil wäre, stehen der Vertrauensbildung immer wieder zahlreiche komplexe Hindernisse im Wege:

- Ob Menschen vertrauen, ist eine sehr persönliche Regung. Der offensichtliche Versuch, eine Person zur Vertrauensbereitschaft zu drängen, führt zu Misstrauen und innerer Abwehr. Die Vertrauenswürdigkeit anderer Menschen bewertet sie erst nach einer ausreichenden Erfahrungszeit als erwiesen, um das Risiko einer Enttäuschung oder eines Schadens in vertretbaren Grenzen zu halten.

T. Sommerlatte, J.-L. Fallou, *Quintessenz der Vertrauensbildung*, Quintessenz-Reihe,
DOI 10.1007/978-3-642-31385-1_4,

- Vertrauenswürdigkeit ist nicht nach den Regeln der Finanzbuchhaltung objektiv bestimm- und messbar. Das gilt für das Vertrauensverhältnis zwischen einzelnen Menschen ebenso wie für das Vertrauensniveau einer ganzen Organisation. Bei der Entwicklung des Vertrauensklimas vermissen die meisten Unternehmensleitungen eine Bewertungsbasis, nach der sie das Niveau zu Beginn bestimmen und seine Entwicklung sowie seine Auswirkungen auf die Unternehmensleistung verfolgen können.
- Da Vertrauensbildung Zeit erfordert und die ganze Organisation durchdringen muss, um Wirkung zu zeigen, setzt sie Konstanz und Ausdauer auf der Ebene der Unternehmensleitung, aber auch auf allen anderen Ebenen im Unternehmen voraus. Diese Konstanz und Ausdauer sind nur möglich, wenn zunächst die Unternehmensleitung und dann die weiteren Hierarchieebenen überzeugt sind, dass sich die Bemühungen auszahlen werden.
- Die Verantwortung für die Entstehung eines Vertrauensklimas lässt sich nicht delegieren, wie es etwa bei der Entwicklung des Informationssystems oder der Prozessorganisation möglich ist. Sie muss sichtbar von der Unternehmensleitung getragen werden, die ihre eigene Vertrauenswürdigkeit in die Waagschale wirft, um Vertrauen zu gewinnen und um zunehmendes Vertrauen in die Mitarbeiter zu beweisen.
- Sie selbst, Ihre Führungskollegen und die Mitarbeiter Ihres Unternehmens sind vielfältigen Einflüssen des gesellschaftlichen, politischen und wirtschaftlichen Umfelds ausgesetzt, die die Vertrauensbasis in Ihrem Unternehmen immer wieder erschüttern. Diese Einflüsse werden durch die Medien verstärkt, die sich daran zu ergötzen scheinen, dass Schlimmes droht oder schon geschieht, und die über Interessenskämpfe berichten sowie Entscheider und Verhältnisse an den Pranger stellen. Sie tun das, weil sie in der Öffentlichkeit mit Sensationsberichten und provokanten Positionen Aufmerksamkeit erregen können. Diese Empfänglichkeit beruht auf einem allgemeinen Misstrauen gegenüber den Fähigkeiten und Absichten von Verantwortungsträgern in allen Bereichen und ist die Folge der immer radikaleren Wertedifferenzierung in der Gesellschaft, des unaufhörlichen Parteien- und Interessenkampfes in der Demokratie und der immer höheren Komplexität sowie von Turbulenzen im Weltwirtschaftssystem.

Helmut Willke hat die Kompatibilität und Kompossibilität von Wirtschaft und Demokratie untersucht und deren Widerstreit beleuchtet, der immer wieder von ideologisch verbohrten oder gar fundamentalistischen Strömungen gesteigert werde (Willke 2011). Die Dynamik des Kapitalismus resultiere daraus, so Willke, dass er die Risikobereitschaft der ökonomischen Akteure verlange und belohne. Insbesondere Josef Schumpeter habe ja den Unternehmer als Held des Kapitalismus gefeiert und die aus der kapitalistischen Dynamik folgende „kreative Zerstörung" auf der Ebene von Produkten und Firmen als Voraussetzung für Wachstum und Innovation gesehen. Damit habe Schumpeter, so Willke, das zentrale Dilemma eines dynamischen Unternehmertums beschrieben: einerseits die Notwendigkeit, individuelle und unternehmerische Risiken einzugehen, und andererseits die unvermeidliche Folge eines systemischen Risikos der Wirtschaft, der die gesamte Gesellschaft ausgesetzt sei.

Die Finanz- und Wirtschaftskrise 2008/2010 und die Eurokrise 2011/2012 sind offensichtliche Auswirkungen eines systemischen Risikos, das aus dem von Willke beschriebenen „kumulativen und nicht-intendierten Effekt von Myriaden von riskanten individuellen ökonomischen Handlungen" und der Nichtsteuerbarkeit des resultierenden, immer komplexeren Wirtschaftssystems entstanden ist. Die Globalisierung ist der Beherrschbarkeit vorausgeeilt, und das Vertrauen in das heile globale Wirtschaftssystem ist hin. Solange nicht die Voraussetzungen für ein neues Systemvertrauen auf europäischer und globaler Ebene geschaffen werden, die aus einer noch zu entwickelnden Form von Global Governance bestehen müssen, bleibt laut Willke den Unternehmen, der Wirtschaft und der Gesellschaft insgesamt nur, in dem komplexen und risikoreichen Umfeld das personale Vertrauen und das Vertrauen in die gestaltbaren Systeme der einzelnen Unternehmen zu stärken, um die Betroffenen im Bewusstsein der sie bedrohenden externen Systemrisiken zu befähigen, bestmöglich gemeinsam zu handeln.

Für die Unternehmensführung im einzelnen Unternehmen heißt das: Sie muss sich darauf einstellen, dass sich in Wirtschaft, Gesellschaft und Politik auf absehbare Zeit kein Vertrauen mehr herstellen lässt, dass aber hohes Vertrauen zwischen der Unternehmensführung und den Mitarbeitern immer essenzieller wird, um das gemeinsame System des Unternehmens so gut wie möglich gegen die externen Unbilden zu feien.

Wahrscheinlich haben Sie Ihre Führungsposition unter anderem dadurch erreicht, dass Sie sich das Vertrauen der Menschen erarbeitet haben, denen gegenüber Sie verantwortlich sind und denen Sie bewiesen haben, dass Sie führen können. Dazu haben Sie im Laufe der Zeit bewusst und unbewusst Werte, Überzeugungen, einen Führungsstil und Verhaltensweisen herausgebildet, die Sie in Kombination mit Ihrer fachlichen Kompetenz in die Lage versetzten, Verantwortung zu tragen. Dennoch würde es uns erstaunen, wenn Sie nicht in den Chor vieler uns bekannter Spitzenführungskräfte einstimmten, die konstatieren, dass Unternehmensführung eine immer größere Herausforderung und physische Belastung geworden ist – nicht zuletzt, weil die Verhaltensweisen der Führungskollegen, Mitarbeiter und unternehmensexternen Stellen immer weniger auf gegenseitigem Vertrauen und auf dem Vertrauen in eine gemeinsame Entwicklung beruhen.

Es stellt sich die Frage, was Sie denn unternehmen können, um über Ihre bisherigen Bemühungen hinaus und angesichts des immer stärker spürbaren Vertrauensschwundes eine Gegenbewegung einzuleiten und wieder neues Vertrauen zu schaffen – nicht nur um seiner selbst willen, weil es eine befriedigendere Qualität des menschlichen Zusammenwirkens darstellt, sondern durchaus im Zweckinteresse Ihres Unternehmens. Denn wenn es zum Beispiel darum geht, Wachstumsinitiativen zu entwickeln, Innovationsleistung zu aktivieren, die Leistung von Teams zu steigern, andere Organisationen zu integrieren oder mit ihnen zusammenzuarbeiten, für eine neue strategische Ausrichtung zu mobilisieren oder durch Transformation des Geschäftsmodells die Produktivität zu erhöhen, ist es entscheidend, dass Ihre Führungskollegen und Mitarbeiter engagiert mitmachen. In solchen Situationen macht gestärktes gegenseitiges Vertrauen einen gewaltigen Unterschied.

Die wichtigste Frage lautet zunächst: Wo müssen Sie ansetzen?

2 Merkmale eines Vertrauensklimas

Das Vertrauensniveau eines Unternehmens lässt sich zwar nicht quantifizieren wie etwa sein Kosten- oder sein Produktivitätsniveau. Aber wenn wir ein Modell der Merkmale des Vertrauensklimas entwickeln, das beschreibt, wie das Vertrauen von bestimmten Verhaltens-, Denk- und Empfindungsweisen der Akteure einer Organisation abhängt und wie diese Abhängigkeiten durch organisationsexterne Einwirkungen beeinflusst werden, so ermöglichen wir einen Einstieg in die Diskussion dieser Merkmale und ihrer Wirkung.

Genau das hat die Beratungsgruppe Stratorg Alliance in den vergangenen etwa zehn Jahren in enger Zusammenarbeit mit einem Kreis von Spitzenführungskräften getan (Stratorg 2007a, b, 2008a, b). Das dabei entstandene Modell beschreibt das Vertrauensklima eines Unternehmens als ein Konstrukt aus sechs tragenden Säulen, die die Basis seiner Leistungsfähigkeit bilden:

- die Kommunikationsweise der Unternehmensleitung,
- die Verlässlichkeit der Funktionsweise der Organisation,
- die Zukunftsperspektive des Unternehmens,
- die Identifikation mit dem Unternehmen,
- die Wertschätzung der Mitarbeiter und
- das Zugehörigkeitsgefühl zu einer Gemeinschaft.

Dieses Modell beruht nicht auf einer allumfassenden Theorie des Phänomens Vertrauen im Unternehmen. Die Forschungsarbeit daran ist vielerorts noch im Gang (zum Beispiel: FINT 2011; EGOR 2011). Dass das Konstrukt aber wesentliche Merkmale zusammenführt, die Aufschluss über die kritischen Merkmale des Vertrauensklimas im Unternehmen geben, hat sich inzwischen in mehr als 20 Einsätzen erwiesen. Betrachten wir diese Merkmale einmal näher und behalten dabei die Frage im Hinterkopf, welche Erfahrung jeder von uns damit gemacht hat.

2.1 Wie wird im Unternehmen kommuniziert?

Vertrauensbildung im Unternehmen ist nur möglich, wenn alle Formen der unternehmensinternen Äußerung der Unternehmensleitung glaubwürdig und zuverlässig sind. Dies gilt für die persönlichen Äußerungen der einzelnen Führungskräfte ebenso wie für die schriftlichen Äußerungen der Unternehmensleitung insgesamt oder die unternehmensinternen Publikationen. Bei den nach außen gerichteten Publikationen sind die Mitarbeiter der meisten Unternehmen ohnehin daran gewöhnt, dass der Werbezweck im Vordergrund steht und dass von der Glaubwürdigkeit oft nicht viel zu halten ist. „Wenn ich die Hochglanzprospekte und Anzeigenseiten meiner Firma sehe, erkenne ich unser Unternehmen kaum wieder", meinen viele Mitarbeiter, wahrscheinlich auch Ihre, „aber intern sollten wir uns nichts vormachen."

Schöne Worte, die über die realen Verhältnisse und Erfahrungen der Mitarbeiter im Unternehmen hinweggehen und deren Bedenken und Unsicherheiten ignorieren, unterminieren die Glaubwürdigkeit. Sie zeigen den Mitarbeitern, dass die Unternehmensleitung die realen Verhältnisse im Unternehmen entweder nicht kennt oder sie nicht ernst nimmt bzw. sie bewusst ignoriert. Das gilt für die Mehrzahl der Aussagen zur sogenannten Corporate Identity und zur Mission des Unternehmens. Im Nachhinein staunen wir über den Aufwand und die Formulierungshingabe, die wir mit unserer Führungsmannschaft für diese Statements aufbrachten, über die Bedeutung, die wir der Bekanntgabe der so erdachten Identität und Mission des Unternehmens beimaßen. Sie waren wirkungslos, wenn nicht sogar schädlich für das Vertrauen der Mitarbeiter.

Noch schädlicher ist allerdings die Abwesenheit von Kommunikation zu Fragen, die die Mitarbeiter beschäftigen und die, wenn sie über längere Zeit oder prinzipiell unbeantwortet bleiben, Misstrauen schürende Gerüchte auslösen. Warum werden Arbeitsplätze abgebaut, wenn das Unternehmen Gewinne macht? Welche Absicht wird in Wirklichkeit mit der erneuten Reorganisation verfolgt? Welche Chancen hat das Unternehmen gegen die viel zitierten Kostenvorteile von Wettbewerbern aus Niedriglohnländern? Wie ist es zu erklären, dass das Unternehmen trotzdem hohe Exporte erzielt? Warum muss schon wieder fusioniert werden? Was plant der Vorstand? Warum werden Missstände im Unternehmen nicht schneller ausgeräumt? Mit welchem Recht kassiert der Vorstand so hohe Gehälter und Bonuszahlungen? Warum wird die Erfahrung der Mitarbeiter vor Ort nicht stärker berücksichtigt? Wer im Vorstand macht bei offensichtlichen Rivalitäten das Rennen? Sind unsere Produkte und Dienstleistungen wirklich zukunftssicher? Häufig erhalten die Mitarbeiter heute Informationen und Erklärungen zu diesen Fragen eher aus den Medien, meistens mit einem Unterton der Aufdeckung von Schachzügen, Eigeninteressen oder Missmanagement.

Um das Kommunikationsdefizit abzubauen, haben manche Vorstände die Initiative ergriffen und führen in regelmäßigen Abständen persönliche Gespräche mit einzelnen Mitarbeitern unterschiedlichster Hierarchieebenen in der Absicht, dadurch Vertrauen zu gewinnen. Meist handelt es sich dabei aber um Aufwand an der falschen Stelle. Denn der dabei entstehende Dialog stellt für die betroffenen Mitarbeiter einen Einmalfall dar, eine Anomalie. Sie empfinden das Gespräch in vielen Fällen als Zwickmühle, denn Kritik kann, wenn sie an ihren Linienvorgesetzten zurückgelangt, ihr tägliches Verhältnis zu diesem beeinträchtigen – und dieses Verhältnis bestimmt das Vertrauensniveau. Deshalb kommt es in erster Linie darauf an, dass die Kommunikation jeweils *direkt zwischen den Verantwortungsebenen* vertrauensfördernd ist oder wird.

Der Vorstandsvorsitzende muss nicht nur in seiner Kommunikation mit den Vorstandskollegen für alle sichtbares gegenseitiges Vertrauen schaffen. Er muss darüber hinaus dafür Sorge tragen, dass diese auch mit den ihnen direkt unterstellten Führungskräften eine auf Vertrauen ausgerichtete Kommunikation pflegen und ihnen helfen, vertrauenstiftend mit der nächsten Ebene zu kommunizieren. Diese Kaskade von vertrauenstiftender Kommunikation setzt voraus, dass alle Stationen der stillen Post von der Bedeutung von Vertrauen ineinander und in das Unternehmen überzeugt sind und wissen, wie man vertrauenswürdig kommuniziert.

Und wie kommuniziert man vertrauenswürdig? Die Antwort ist einfach: so, wie man es sich von den Personen wünscht, denen gegenüber man selbst verantwortlich ist. Sind deren Aussagen verständlich und glaubwürdig? Sind die Positionen, die sie vermitteln, die Ziele, Zusagen und Beauftragungen von Dauer? Ist die Entscheidungsverantwortung klar und beständig? Wie zugänglich sind diese Personen für Informationen, Argumente und Meinungen anderer, besonders der Menschen, die sie führen? Führung per Anweisungen, Entscheidungen ohne Begründung, Unzugänglichkeit gegenüber Kenntnissen und Fragen der Geführten, nach Pflichtübung riechende Abarbeitung von Routinen wie Feedbackgespräche und Performancebewertungen, aber auch mangelnde Erreichbarkeit der Vorgesetzten sind Kommunikationsprobleme, die kein Vertrauen in die Führung aufkommen lassen.

Dass das interne Kommunikationsgeschehen in Ihrem Unternehmen nicht vertrauensorientiert sein könnte, weisen Sie unter Umständen weit von sich. Genau das taten wir auch lange Zeit, denn wir waren uns der Offenheit und Kontinuität der Kommunikation im Unternehmen sicher. Aufgrund unserer Erfahrung wurden wir jedoch skeptisch, denn in zu vielen Fällen deckten Nachprüfungen bei den Mitarbeitern auf, dass die Führungskräfte gut daran täten, die Einschätzung ihres kommunikativen Verhaltens durch die Mitarbeiter zu erkunden.

In vielen Unternehmen, besonders in großen Organisationen, kann man „Kommunikationsinseln" beobachten. Was zwischen Vorstand und Bereichsleitern besprochen und abgestimmt wird, erhält bei der Weitergabe in die einzelnen Bereiche oft eine abgewandelte Tonart, wird bereichsspezifisch interpretiert und von den Bereichsverantwortlichen in eine Abgrenzung zu „den anderen" umgemünzt. Dies gilt besonders, wenn sie dem Gehörten, dem mit dem Vorstand Beschlossenen nicht wirklich vertrauen und mit dem, was ihren Bereich betrifft, nicht einverstanden sind, ohne dies zur Sprache bringen zu können. Das Gleiche passiert oft innerhalb der Bereiche noch einmal, wenn die Abteilungsleiter die Informationen und Anweisungen der Bereichsleiter in ihrer eigenen Tonart und von ihren Interessen gefärbt an ihre Mitarbeiter weitergeben.

So waren wir nicht selten konsterniert, wenn wir im Gespräch mit Mitarbeitern merkten, dass sie sehr eigene Vorstellungen davon hatten, was von ihrer Abteilung erwartet wurde. In ihren Augen schien es mehr darum zu gehen, die anderen Abteilungen zu übertreffen, als darum, für die Kunden und gegenüber den Wettbewerbern eine gemeinsame Leistung zu erbringen. Ihr Vertrauen war ein partielles in ihren Abteilungsleiter, in dessen Geschick, die Leistung der Abteilung zur Geltung zu bringen, aber gepaart mit Misstrauen in andere Abteilungen und Bereiche des Unternehmens. Der Ansatz einer Reintegration muss in solchen Fällen darin bestehen, die Kommunikationskaskade in Ordnung zu bringen, sodass die Bereichsleiter und dann die Abteilungsleiter die Informationen in beide Richtungen so verlässlich und unverfälscht wie möglich weiterleiten und dadurch eine gemeinsame Basis für Vertrauen in das ganze Unternehmen und seine Leitung schaffen.

Vier Kriterien haben sich als aussagekräftige Indikatoren für das Vertrauen in die Kommunikation der Unternehmensleitung erwiesen:

a. die Verständlichkeit und Glaubwürdigkeit der Aussagen der Unternehmensleitung,
b. die Einhaltung der eingegangenen Engagements,

c. die Klarheit und Beständigkeit der Führung und
d. die Zugänglichkeit der Führung für Informationen, Argumente und Meinungen.

Wie weit die Bewertungen nach diesen Kriterien auseinanderklaffen können, zeigen die Aussagen von Mitarbeitern zweier Unternehmen A und B:

a. Verständlichkeit und Glaubwürdigkeit der Aussagen der Unternehmensleitung:
   A. *„Die Unternehmensleitung versteht es, motivierende Ziele zu setzen, weil sie verständlich macht, wie die kurzfristigen Aufgabenstellungen mit der längerfristigen Vision zusammenhängen."*
   B. *„Die neue Organisation und die Verantwortlichkeiten sind unklar. Man fragt sich, ob die Geschäftsleitung weiß, wohin es eigentlich gehen soll."*
b. Einhaltung der eingegangenen Engagements:
   A. *„Zusagen einzuhalten, ist unsere zweite Natur. Wer sich nicht daran hält, isoliert sich."*
   B. *„Bei uns werden alle Zusagen immer wieder diskutiert und revidiert."*
c. Klarheit und Beständigkeit der Führung:
   A. *„Die Unternehmensleitung gibt Informationen verständlich und zeitnah in die Organisation weiter."*
   B. *„Man hat den Eindruck, dass ‚da oben' alles entschieden und dirigiert wird, aber selbst das mittlere Management ist weder beteiligt noch informiert."*
d. Zugänglichkeit der Führung für Informationen, Argumente und Meinungen:
   A. *„Eine Marktinformation hat ausgereicht, um die Unternehmensleitung aufzurütteln und ein gemeinsames Aktionsprogramm ins Leben zu rufen."*
   B. *„Die Unternehmensleitung lässt ihre Ansichten und Entscheidungen nicht infrage stellen, weil sie nicht zugeben kann, dass sie sich auch einmal täuscht."*

2.2 Wie verlässlich funktioniert die Organisation?

Wer neu in ein Unternehmen kommt, versucht unbewusst, ein Gefühl dafür zu entwickeln, welches Verhalten in den verschiedensten Situationen im Unternehmen konform ist, was zu sagen und zu tun akzeptabel ist oder als gut angesehen wird – und was im Gegenteil als schlecht angesehen wird, gefährlich oder tabu ist. Es ist wie die Erkundung eines neuen Terrains, ohne die man im Ungewissen tappt. Dabei geht es darum, hinter den offiziellen Aussagen des Unternehmens über Werte und Unternehmenskultur und hinter der offiziellen Organisation den unsichtbaren Vertrag zu erkennen, der sich im Laufe der Zeit zwischen der Unternehmensleitung, dem mittleren Management und den Mitarbeitern herausgebildet hat. Dieser unsichtbare Vertrag, der nur in den Köpfen der Mitarbeiter besteht und sich meist dauerhafter hält als die offiziell verkündeten Regeln und Organisationsstrukturen, bestimmt das Verhalten und Befinden der Menschen im Unternehmen in meist ungeahnter Weise.

Je spürbarer die Widersprüche zwischen den offiziellen Regeln und Anweisungen und dem unsichtbaren Vertrag werden, desto geringer ist das Vertrauen der Mitarbeiter, dass das offiziell gewünschte Verhalten Anerkennung bringt und dass die Pläne und angekündigten Maßnahmen, mit denen die Unternehmensleitung struktur- und ablauforganisatorische Änderungen herbeiführen will, tatsächlich wirksam werden.

So erweist es sich als schwierig, die Vorteile einer bereichsübergreifenden Projektorganisation zu realisieren, wenn die Projektmitarbeiter aus den einzelnen Bereichen wissen, dass der unsichtbare Vertrag darin besteht, so weit wie möglich die Bereichsinteressen *nicht* den Projektinteressen unterzuordnen, da sich die Bewertung durch den Bereichsvorgesetzten stärker auf das persönliche Vorankommen auswirkt als die durch den jeweiligen Projektleiter. So wird die Kooperation zwischen den Organisationseinheiten erschwert, wenn der unsichtbare Vertrag darin besteht, in erster Linie die Absicherung im Auge zu behalten und Belastungen des eigenen Bereichs zu vermeiden. So leidet das Vordringen neuer Lösungen und Initiativen unter dem unsichtbaren Vertrag, dass man für bereitwillig eingebrachtes Wissen und für zusätzliche Leistung nicht nur keine Anerkennung erwarten darf, sondern auch nicht mit freiwilligen Gegenleistungen anderer rechnen kann. In vielen Unternehmen hat sich ein unsichtbarer Vertrag herausgebildet, der besagt, dass es sicherer ist und mehr Gewicht und Beachtung einbringt, Bedenken gegen Vorschläge anderer vorzubringen, als sie unterstützen zu wollen oder eigene Vorschläge zu unterbreiten. Besonders auffällig ist die Wirkung des unsichtbaren Vertrags, dass es im Interesse eines funktionierenden Betriebs ist, eher der eigenen Erfahrung und Routine zu vertrauen, da die Führung von den realen Bedingungen ohnehin „keine Ahnung hat".

Die Mitarbeiter bewegen sich in dem Spannungsfeld zwischen deklarierten und ungeschriebenen Verhaltensregeln, indem sie daraus eine eigene Synthese entwickeln. Je größer die Diskrepanz, desto geringer ist das Vertrauensverhältnis zum Unternehmen und zur Führung und desto stärker sind die Mitarbeiter damit beschäftigt, sich zurechtzufinden und abzusichern, besonders wenn die Führungspersonen häufig wechseln, eine organisatorische Veränderung nach der anderen erfolgt und immer wieder neue Regeln und Anforderungen aufgestellt werden.

Den unsichtbaren Vertrag in den Köpfen der Mitarbeiter zu erkennen und sich darum zu bemühen, die Diskrepanz zu den Intentionen der Führung zu reduzieren, ist ein entscheidender Bestandteil des Vertrauensbildungsprozesses. Dabei geht es keinesfalls darum, vor dem Eigenleben des unsichtbaren Vertrags zu kapitulieren, sondern vielmehr darum, die Gründe und Kommunikationsdefizite zu verstehen, die zu seiner Entstehung geführt haben, und die Ursachen des defensiven und kontraproduktiven Verhaltens zu überwinden, die oft in der Historie des Unternehmens zu finden sind. Nach unserer Erfahrung sind die Beweggründe der Mitarbeiter bei genauem Hinsehen meist sehr verständlich: Sie suchen nach Stabilität, nach Vorankommen, Kollegialität und Förderung. Sie sind hellhörig für die Chancen, bei dieser Suche Unterstützung durch die Führungshierarchie zu erhalten, und machen sich ein eigenes Bild von den Prioritäten und Methoden der Vorgesetzten. Je weniger sie den Chancen vertrauen und je dubioser ihnen die Funktionsweise „des Systems" erscheint, desto stärker machen sie nur gute Miene zum bösen Spiel und vertrauen ihrer etablierten Erfahrung.

Wenn Vertrauensbildung jedoch zu einem wichtigen Ziel der Organisationsentwicklung wird, dann ergeben sich daraus veränderte Schwerpunkte des Führungsverhaltens, die auch den unsichtbaren Vertrag beeinflussen.

Vertrauen in die Führung entsteht, wenn sich immer wieder bestätigt, dass der Initiative der Mitarbeiter eine wichtige Rolle beigemessen wird und ihnen dabei entstehende Fehlschläge nicht zum bleibenden Nachteil gereichen; wenn die Verhaltensweise der Führungskräfte fair und berechenbar ist; wenn ein offener, wirkungsvoller und respektvoller Dialog zwischen den Vorgesetzten und ihren Mitarbeitern besteht und wenn die Regeln der Kooperation und des Vorankommens klar, fair und beständig sind.

Dass die Funktionsweise der Organisation Ihres Unternehmens in den Augen der Mitarbeiter nicht verlässlich sein könnte, halten Sie vielleicht für unwahrscheinlich. Das taten wir auch lange Zeit, denn wir waren überzeugt, dass alle Prozesse und Führungsstrukturen gut geregelt waren und dass sich alle Führungskräfte im Interesse des Unternehmens nach bestem Wissen und Gewissen danach verhielten. Bis wir die Erfahrung machten, dass unser Unternehmen zwar für seine unprätentiöse und kollegial erscheinende Unternehmenskultur bekannt war und neue Mitarbeiter es deshalb als attraktiv ansahen, dass sich aber innerhalb der Organisation kleine Fürstentümer herausgebildet hatten, die, jedes für sich, Kapazitäten horteten, um gegen Unsicherheiten der Auftragseingänge gefeit zu sein. Für die Mitarbeiter bestand Unklarheit zwischen den Regeln des Unternehmens und denen ihrer Zugehörigkeit zu einem Unternehmensbereich. Die Regeln des Unternehmens sahen vor, dass die Auslastung jedes Mitarbeiters durch fakturierte Projektarbeit zu optimieren sei und dass dafür ein unternehmensinterner Markt existiere. Als unsichtbarer Vertrag hatte sich aber etabliert, dass die Verantwortlichen der Unternehmensbereiche ihre Bedeutung in erster Linie nach dem Personalbestand und dem Auftragsvolumen ihres Bereichs bemaßen und dass der einzelne Mitarbeiter gut daran tat, in möglichst viele Projektangebote seines eigenen Bereichs eingeplant zu sein und sich für den Fall der Auftragserteilung verfügbar zu halten. Ergebnisse dieser Diskrepanz waren für das Unternehmen eine ständig unbefriedigende Kapazitätsauslastung und für den einzelnen Mitarbeiter ein Vertrauenskonflikt zwischen der Unternehmensleitung und dem direkten Vorgesetzten, der aber, so der unsichtbare Vertrag, im Endeffekt für das Vorankommen im Unternehmen doch den gewichtigeren Einfluss hatte.

Erst als es gelang, den Leitern der Unternehmensbereiche zu verdeutlichen, dass die Kapazitätsauslastung und die interdisziplinäre Projekterfahrung der Mitarbeiter für den Erfolg des Unternehmens insgesamt oberste Priorität genießen mussten und dass dies die Anerkennung der Unternehmensbereiche nicht schmälerte und ihre Erfolgschancen eher erhöhte, konnten die Verhaltensweisen der Mitarbeiter und die Interessen der Geschäftsentwicklung harmonisiert werden. Der unsichtbare Vertrag konnte zumindest in diesem Punkt mit der Geschäftslogik in Übereinstimmung gebracht und der Vertrauenskonflikt für die Mitarbeiter aus der Welt geschafft werden.

Vier Kriterien haben sich als aussagekräftige Indikatoren für das Vertrauen in die Verlässlichkeit der Funktionsweise einer Organisation erwiesen:

a. die Klarheit der Verhaltensregeln und Werte im Unternehmen,
b. das Respektieren dieser Regeln und Werte,
c. der Raum für Initiative und
d. die Beziehung zwischen Führung und Mitarbeiterschaft.

Wie weit die Bewertungen nach diesen Kriterien auseinanderklaffen können, zeigen die Aussagen von Mitarbeitern der beiden Unternehmen A und B:

a. Klarheit der Verhaltensregeln und Werte im Unternehmen:
   A. *„Bei uns gibt es allen bekannte und von allen akzeptierte Regeln und Werte, aus denen sich das Verhalten der Mitarbeiter auch ohne ständige Eingriffe ableitet.“*
   B. *„Es gibt kaum zuverlässige Regeln und Werte. Sie ändern sich je nach Bedarf der Unternehmensleitung andauernd. Man fühlt sich eigentlich immer unsicher.“*
b. Respektieren dieser Regeln und Werte:
   A. *„Bei uns werden etablierte und sinnvolle Vorgehens- und Verhaltensweisen zuverlässig eingehalten.“*
   B. *„Die einzige konstante Regel in unserem Unternehmen ist, nicht aufzufallen.“*
c. Raum für Initiative:
   A. *„Mit guten Ideen und Eigeninitiative stößt man in unserem Unternehmen auf offene Ohren.“*

   B. *„Bei uns wird viel davon gesprochen, Initiative zu zeigen, aber ehrlich gesagt: Es zu tun, hat sich zu oft als Fehler erwiesen."*

d. Beziehung zwischen Führung und Mitarbeiterschaft:

   A. *„Wir haben Fortschritte gemacht. Die Zukunft des Unternehmens ist ein Thema geworden, über das offen mit der Unternehmensleitung diskutiert wird."*

   B. *„Dialog? Nennen wir es besser minimale Mitteilungen, wie sie gesetzlich vorgeschrieben sind."*

2.3 Welche Perspektive hat das Unternehmen?

Das Vertrauen der Mitarbeiter in die erfolgreiche Weiterentwicklung ihres Unternehmens hat in erster Linie eine für jeden von ihnen persönliche Bedeutung, die aber über die reine Arbeitsplatzsicherheit hinausgeht und von der Perspektive abhängt, die das Unternehmen ihnen bietet.

Wie ausgeprägt ist das Bemühen der Unternehmensleitung, das Know-how der Mitarbeiter auszubauen und zu halten und den Mitarbeitern lohnende Entwicklungschancen zu bieten? Wie wettbewerbsfähig sind die Produkte und Dienstleistungen, und wie stark investiert das Unternehmen in deren Weiterentwicklung und in neue Ideen? Wodurch unterscheidet sich das Unternehmen von seinen Wettbewerbern, und welche besonderen Fähigkeiten werden ihm und seinen Mitarbeitern zugesprochen? Diese Fragen entspringen der Sorge um den eigenen Marktwert. Je sicherer sich die Mitarbeiter sind, dass das Unternehmen ihnen dazu verhilft, gefragt zu sein, desto größer ist ihr Vertrauen in das Unternehmen – selbst in schwierigen Zeiten, in denen es sich auf einen konjunkturellen Abschwung, auf härteren Wettbewerb oder auf strukturelle Veränderungen einstellen muss. Wichtig ist hierbei die Erfahrung aus vorangegangenen Krisen. Wenn die Unternehmensleitung diese mit sicherer Hand und Weitblick durchschifft hat, bleibt die Vertrauensbereitschaft und Loyalität der Mitarbeiter hoch. Wenn das Krisenmanagement in vergangenen Situationen dagegen verstört und kurzsichtig erschien, schwindet das Vertrauen bei einer neuen krisenhaften Phase sofort und lässt sich, wenn überhaupt, nur schwer und erst in einem langen und geduldig geführten Prozess wieder aufbauen.

Diese Erfahrung machten viele deutsche Unternehmen des Maschinenbaus und der Automobilindustrie nach der zweiten Ölkrise in den 1980er-Jahren und nach der Asienkrise Ende der 1990er-Jahre, als sie eine große Welle von Entlassungen und Frühverrentungen auch bei ihren Ingenieuren und Fachkräften vornahmen, die ihnen in der folgenden Aufschwungphase dann fehlten. Noch heute wirkt die damalige Fehleinschätzung nach, denn sie hat dazu geführt, dass sich immer noch beträchtliche Vorurteile gegen das Ingenieurstudium halten und die deutsche

Wirtschaft heute unter einem immer folgenschwereren Fachkräftemangel leidet. In der Finanz- und Wirtschaftskrise 2008/2010 zogen die Unternehmen daraus die Lehre und hielten ihre Mitarbeiter, wenn auch mithilfe von Kurzarbeit. So konnten sie im Aufschwung, der nicht auf sich warten ließ, zügig wieder liefern. Trotzdem ist im Bewusstsein vieler Beschäftigter das Vertrauen geschwunden, sich auf die Zukunftsfähigkeit ihres Unternehmens verlassen zu können. Umso mehr geht es vielen von ihnen heute darum, ihre eigenen Entwicklungschancen und ihren eigenen Marktwert zum Vertrauensmaßstab zu machen.

Für das Vertrauen in die Perspektive, die Unternehmen ihren Mitarbeitern vermitteln, haben sich drei Kriterien als aussagekräftige Indikatoren erwiesen:

a. die Zukunftsfähigkeit des Unternehmens,
b. die Sicherheit der eigenen Beschäftigung und
c. die Fähigkeit, Krisen zu bewältigen.

Wie weit die Bewertungen nach diesen Kriterien auseinanderklaffen können, zeigen wiederum die Aussagen von Mitarbeitern der beiden Unternehmen A und B:

a. Zukunftsfähigkeit des Unternehmens:
   A. *„Wir sorgen uns nicht um die Zukunft des Unternehmens. Wir machen uns ständig für die Zukunft bereit."*
   B. *„Die Krise kam wie kalter Regen. Die Unternehmensleitung wusste nicht mehr, wie es weitergehen sollte."*
b. Sicherheit der eigenen Beschäftigung:
   A. *„Jeder von uns hat die Gelegenheit, sich weiterzubilden und weiterzuentwickeln. Das Unternehmen bietet dafür zahlreiche Chancen."*
   B. *„Seit Jahren immer dasselbe, und in einigen Jahren werden unsere Produkte völlig veraltet sein. Was wird dann aus mir?"*
c. Fähigkeit, Krisen zu bewältigen:
   A. *„In der letzten Krise hat unser Management richtig und entschlossen reagiert. Wir sind flexibel genug, um Krisen durchzustehen."*
   B. *„Misserfolge werden schlecht verdaut. Es kommt dauernd zu Feuerwehreinsätzen, bei denen keiner weiß, ob es ihn trifft."*

2.4 Wie stark identifizieren sich die Mitarbeiter mit dem Unternehmen?

Die Reputation eines Unternehmens strahlt zweifellos auf die darin arbeitenden Menschen zurück und kann im positiven Fall Teil ihres Selbstbewusstseins werden.

Weil es attraktiv ist, zu einem angesehenen Unternehmen zu gehören, neigen Mitarbeiter dazu, ihr Unternehmen auch in ihrem Bekanntenkreis positiver darzustellen, als sie es intern erleben. Darin schwingt der Stolz mit, selbst dazuzugehören. „Wir sind Marktführer" und „unser Unternehmen" sind Formulierungen, die die Identifikation mit dem gemeinsamen Ansehen zum Ausdruck bringen. Je uneingeschränkter die Berechtigung der Reputation empfunden wird, desto robuster ist das Vertrauen in das Unternehmen als Ganzes, als System, zu dem man selbst gehört oder als dessen Mitgestalter man sich sieht. Dieses Systemvertrauen übersteht auch interne Fehlentwicklungen und Probleme im Markt über längere Zeit und motiviert besonders stark dazu, durch gesteigerten Einsatz die Berechtigung der Reputation wieder herzustellen. Unternehmen wie Daimler, Siemens oder die Deutsche Post erlebten diese Verteidigung der Reputation durch ihre Mitarbeiter in Zeiten, in denen sie angekratzt war.

Die Basis der Reputation und des Vertrauens in das Unternehmen als Ganzes können seine technische Kompetenz, sein Marken- und Qualitätsimage, seine Innovationserfolge, seine unternehmerische Führung, seine Bedeutung für das Wohl der Gesellschaft oder eine Kombination dieser Merkmale sein. Deren motivierende und vertrauenstiftende Wirkung ist umso größer, je stärker der einzelne Mitarbeiter, die einzelne Führungskraft sich beteiligt fühlt und den eigenen Einfluss erkennt. Zum Vertrauensklima gehört daher, dass der Beitrag der Führungskräfte und aller Mitarbeiter ausdrücklich anerkannt und benannt wird, dass nicht nur in den PR-orientierten Veröffentlichungen des Unternehmens darauf hingewiesen wird, während beim nächsten Konjunkturdämpfer wieder „Humankapital aus dem Fenster geworfen wird", sondern dass die Zukunftsvision des Unternehmens so erkennbar und verlässlich ist, dass jeder Mitarbeiter darin sein eigenes Entwicklungspotenzial sehen kann.

Untersuchungen haben gezeigt, dass der unsichtbare Vertrag zwischen dem Unternehmen und seinen Mitarbeitern als wichtigen Punkt auch das Prestige des Unternehmens betrifft; den Wert und Sinn, den das Unternehmen für die Gesellschaft bietet, den Grad der Zusammengehörigkeit der Beteiligten und die Sicherheit, die das Unternehmen zu bieten bereit und in der Lage ist (Rousseau 1995). Wenn sich Teile dieses unsichtbaren Vertrages verändern, sei es durch beabsichtigte oder unbeabsichtigte Verhaltensänderungen der Unternehmensführung oder durch Veränderungen der Existenzbedingungen des Unternehmens, so wirkt sich das auch auf den unsichtbaren Vertrag aus: Er verliert seine motivierende und bindende Wirkung, das Unternehmen verändert im Bewusstsein der Mitarbeiter seine innere Identität und verliert an Vertrauenswürdigkeit. Dieser Vertrauensschwund und die damit verbundene Schwächung der Identifikation mit dem Unternehmen haben sich überall dort eingeschlichen, wo immer davon geredet wird, dass die

Unternehmen keine lebenslange Karriere mehr bieten, sondern dass Wechsel des Aufgabengebiets und des Arbeitgebers durch die schnellen Veränderungen der Unternehmenskonfiguration immer mehr zur Regel werden.

Drei Kriterien haben sich als aussagekräftige Indikatoren für das Vertrauen erwiesen, das aus der Identifikation mit dem Unternehmen entsteht:

a. die Reputation des Unternehmens,
b. das Gefühl, dazuzugehören, und
c. das Bewusstsein, eine konstruktive Rolle zu spielen.

Wie weit die Bewertungen nach diesen Kriterien auseinanderklaffen können, zeigen wiederum die Aussagen von Mitarbeitern der beiden Unternehmen A und B:

a. Reputation des Unternehmens:
   A. *„Unser Unternehmen ist ein toller Laden, es macht stolz, das immer wieder zu hören."*
   B. *„Unser Unternehmen? Keiner redet davon, und wenn, dann negativ."*
b. Gefühl, dazuzugehören:
   A. *„Ich lebe in dem Gefühl, mit meinen Kollegen an einem schönen Abenteuer teilzuhaben."*
   B. *„Man bekommt den Eindruck, das fünfte Rad am Wagen zu sein, wenn man nicht in der Marketingabteilung arbeitet."*
c. Bewusstsein, eine konstruktive Rolle zu spielen:
   A. *„Ich habe den Eindruck, dass alles stehen bliebe, wenn ich nicht da wäre."*
   B. *„Ich mache meine Arbeit. Mehr interessiert mich nicht."*

2.5 Wie hoch ist die Wertschätzung der Mitarbeiter durch die Unternehmensleitung?

Die Wertschätzung, die den Mitarbeitern durch ihre direkten Vorgesetzten und die Unternehmensleitung zugesichert wird, ist für sie nur so viel wert, wie sie ihrerseits die Unternehmensleitung und das Unternehmen wertschätzen. Solange sie die Kommunikationsweise der Führungskräfte nicht für glaubwürdig, verbindlich und offen halten, solange die Funktionsweise und die Zukunftsperspektive des Unternehmens sie nicht überzeugen und sie sich nicht aus dieser Überzeugung mit dem Unternehmen identifizieren, kann kein Vertrauensklima entstehen, auch wenn sich das Unternehmen bemüht, die Mitarbeiter durch andere Maßnahmen vertraglicher oder finanzieller Art an sich zu binden.

Das Vertrauen in die Zuverlässigkeit der Unternehmensführung und in die Perspektive des Unternehmens muss entstanden sein, damit auch Vertrauen in die gerechte individuelle Wertschätzung der Leistung und des Beitrags der Mitarbeiter aufkommen kann. Voraussetzung dafür ist die Art und Weise, wie individuelle Leistung als Beitrag zur Gesamtleistung des relevanten Bereichs und des Unternehmens insgesamt bestimmt und bewertet wird, wie sich die Anerkennung äußert, nicht nur in materieller Hinsicht, sondern in Form von Entwicklungsförderung und kontinuierlichen Zeichen des Vertrauens. In materieller Hinsicht spielt die Vergleichbarkeit mit Kollegen innerhalb des Unternehmens und mit ähnlichen Positionen in anderen Unternehmen eine Rolle, vor allem aber sind die Transparenz und Verständlichkeit der Bewertungs- und Entlohnungsstrukturen im Unternehmen von Bedeutung. Wenn in dieser Hinsicht Vertrauen in Fairness und Anerkennung besteht, ist es den meisten Mitarbeitern wichtiger, dass das Unternehmen ihnen längerfristige Entwicklungsmöglichkeiten, eine persönliche Zukunftsperspektive und einen ständigen Lernfortschritt bietet, als dass sie überdurchschnittlich bezahlt werden. Die Möglichkeiten der Eigeninitiative und der Zugehörigkeit zu einem stimulierenden Team sind die wichtigsten Formen der Wertschätzung – und zwar auf allen Ebenen, die oberste Führungsebene eingeschlossen.

Viele Führungskräfte unterschätzen die Rolle, die Freundlichkeit für ihre Vertrauenswürdigkeit in den Augen der Mitarbeiter spielt. Untersuchungen haben ergeben, dass eine hohe Korrelation zwischen freundlichem Verhalten und dem Urteil über ihre Vertrauenswürdigkeit besteht, weil Freundlichkeit ihrerseits eine hohe Korrelation mit dem Wohlwollen, der Integrität und der Kompetenz aufweist, die einer Person beigemessen werden (Scholl 2011). „So gesehen", folgert Wolfgang Scholl, „beinhaltet Vertrauen die Erwartung einer in einer abhängigen Situation befindlichen Person, dass ihre Abhängigkeit nicht ausgenutzt wird, sondern sich eher vorteilhaft auswirkt, da die andere Person oder Gruppe in wichtigen Punkten kompetenter ist (das macht u. U. die Abhängigkeit aus) und sich im Fall von Differenzen integer verhält." Und weiter: „Vertrauenswürdigkeit hängt dagegen nicht mit Positionsmacht und Organisationsbelohnung (wie Beförderung) zusammen. Positive Korrelationen der Vertrauenswürdigkeit bestehen vielmehr mit der Informationsbereitschaft und Fachkompetenz der Führungskräfte, mit der Gestaltung von Freiräumen und persönlicher Belohnung (z. B. Anerkennung) und besonders mit dem Charisma der Führungskräfte. Vertrauen als kollektives Merkmal der Organisationskultur ist nach unseren Untersuchungsergebnissen mit der Mitarbeiterorientierung der Führungskräfte, mit einem klaren Leitbild der Organisation, mit externer Anpassungsfähigkeit,

Ideenreichtum, guter Ideenauswahl und Umsetzungsqualität, mit der kollektiven Koordinationsfähigkeit, dem Erfolg von Innovationen und dem Unternehmenserfolg insgesamt korreliert."

Vier Kriterien haben sich in unseren Projekten als aussagekräftige Indikatoren für die Wertschätzung durch ein Unternehmen erwiesen:

a. die Fähigkeit der Mitarbeiter, den eigenen Beitrag zu erkennen,
b. die Anerkennung ihrer individuellen Leistung,
c. die Gerechtheit der Belohnung und
d. die Möglichkeiten der Selbstverwirklichung.

Wie weit die Bewertungen nach diesen Kriterien auseinanderklaffen können, zeigen wiederum die Aussagen von Mitarbeitern der beiden Unternehmen A und B:

a. Fähigkeit, den eigenen Beitrag zu erkennen:
   A. *„Unsere Manager wurden geschult, mit den Mitarbeitern über ihren Beitrag zum Unternehmenserfolg zu sprechen. Die Investition hat sich aus meiner Sicht gelohnt."*
   B. *„Wir sind von einer funktionalen Struktur zu einer Matrixorganisation übergegangen, aber die Reorganisation ist ohne unseren Beitrag durchgeführt worden."*
b. Anerkennung der eigenen Leistung:
   A. *„Ich habe enorm gearbeitet, oft zulasten meines Privatlebens. Aber ich habe wirklich etwas davon gehabt."*
   B. *„Unsere Chefs sind vielleicht intelligent, aber unfähig, einmal ‚Bravo' oder ‚Danke' zu sagen."*
c. Gerechtheit der Belohnung:
   A. *„Klar, wir wollten 10 % mehr, aber bei der gemeinsamen Analyse wurde nachvollziehbar, dass wir mit 5 % mehr fair bezahlt werden."*
   B. *„Unser System ist ungerecht, weil es Leistung nicht belohnt. Die Unternehmensleitung geht den bequemeren Weg."*
d. Möglichkeiten der Selbstverwirklichung:
   A. *„Weiterbildung wird in unserem Unternehmen gefördert. Das ist für mich sehr wichtig, denn ich kann auf diese Weise meine Kompetenz gezielt weiterentwickeln."*
   B. *„Ja, wir sprechen über Personalentwicklung. Aber die Fakten widersprechen doch deutlich der Theorie. Unser Unternehmen ist da nicht glaubwürdig."*

2.6 Wie ausgeprägt ist das Gefühl, zu einer Gemeinschaft zu gehören?

Der Gipfel des angestrebten Vertrauensklimas ist erreicht, wenn ein starkes kollektives Vertrauen (Systemvertrauen) im Unternehmen herrscht, dass man zusammen allen Herausforderungen gewachsen ist. Dieser Zustand sollte allerdings nicht mit der in manchen etablierten Unternehmen verbreiteten Vorstellung verwechselt werden, dass nichts dem Unternehmen etwas anhaben könne – diese entsteht meist nicht aus Vertrauen, sondern aus Ahnungslosigkeit oder Arroganz.

Ein positives Vertrauensklima entsteht, wenn die Unternehmensleitung, die Führungskräfte auf allen Ebenen und die Mitarbeiter sich bewusst sind, dass sie in der Gesamtheit ihrer Kompetenzen ein Leistungspotenzial besitzen, mit dem sie bei engagierter Teamarbeit, aufmerksamer Chancennutzung und sorgfältig gesteuerter Innovationsbereitschaft Erfolg haben werden. Entscheidend ist das Bewusstsein, dass das Leistungspotenzial des Unternehmens größer ist als die Summe der Einzelleistungen, weil aus dem gegenseitigen Vertrauen ein Verstärkereffekt entspringt, durch den der Einzelne mit seinem Beitrag über sich hinauswächst. Es ist mehr als pflichtbewusste Zusammenarbeit, vielmehr die Zugehörigkeit zu einer kompetenten, verlässlichen Gemeinschaft, die das Vertrauen inspiriert.

Die Führungsaufgabe besteht darin, die Bedingungen für eine wirkungsvolle Teambildung zu schaffen, die nicht von den Eigeninteressen von Bereichen oder Funktionen beeinträchtigt wird und durch die die Ambition entsteht, ein großes gemeinsames Ziel zu erreichen, nicht nur aus rationalen Überlegungen, sondern um ein gemeinsames Abenteuer zu erleben. Damit diese Ambition anhält, bedarf sie der Würdigung durch die größere Gemeinschaft des Unternehmens – auch wenn ein Ziel nicht erreicht wurde – und eines weiteren sportlichen Ansporns. Finanzielle Anerkennung sollte, wenn überhaupt, nur eine Nebenrolle spielen. Entscheidend ist, dass die Mitarbeiter sich als in eine Unternehmenswelt einbezogen empfinden, in der Teamgeist herrscht und die auch ihrer Selbstentfaltung förderlich ist.

Vier Kriterien haben sich unserer Erfahrung nach als aussagekräftige Indikatoren für das Zugehörigkeitsgefühl zu einer Gemeinschaft und dessen Auswirkung auf das Vertrauensklima erwiesen:

a. die Rolle von Teamarbeit,
b. die Qualität der Teams,
c. die Teilhabe an einem gemeinsamen Ziel und
d. die Wertschätzung der gemeinsamen Leistung.

Wie weit die Bewertungen nach diesen Kriterien auseinanderklaffen können, zeigen wiederum die Aussagen von Mitarbeitern der beiden Unternehmen A und B:

a. Rolle von Teamarbeit:
   A. *„In unserem Unternehmen ist Teamarbeit das A und O. Wir können im Team auf den Mount Everest steigen, selbst wenn das Team nur unzureichend ausgerüstet ist.“*
   B. *„Solange sich das Management in die Teams einmischt und jeden Einzelnen misst, kommt keine Teamleistung zustande.“*
b. Qualität der Teams:
   A. *„Unser Vorbild ist die Fußball-Nationalmannschaft. Man muss den Ball weiterspielen, damit ein anderer Spieler das Tor schießen kann. Wenn einer der Held sein will, kann das Team nicht funktionieren.“*
   B. *„Bei uns gibt es einfach zu viele Individualisten, da kann kein Teamgeist entstehen.“*
c. Teilhabe an einem gemeinsamen Ziel:
   A. *„Das ist wie eine Droge. Wir werden am besten, wenn wir gemeinsam vor einer schwierigen Herausforderung stehen.“*
   B. *„Gemeinsames Ziel? Da müsste man uns schon Anreize geben, Spaß daran zu haben.“*
d. Wertschätzung der gemeinsamen Leistung:
   A. *„Unser Vorstandsvorsitzender hat verstanden, wie wichtig es ist, die gemeinsame Leistung zu würdigen. Er ist da, wenn wir Erfolg haben, aber er hilft uns auch, wenn es schwierig wird. Das zählt für uns enorm.“*
   B. *„Wir sind die Underdogs. Wenn wir Erfolg haben, spricht keiner darüber.“*

3 Fallbeispiele für ein Vertrauensklima

Das Vertrauensniveau in einem Unternehmen lässt sich nur messen, indem man die Führungskräfte und Mitarbeiter des Unternehmens befragt. Sie geben jedoch nur dann ihre ungeschminkte und durchdachte Einschätzung des Vertrauensverhältnisses zur Unternehmensführung und zum Unternehmen wieder, wenn ihre Äußerungen anonym bleiben. Die für die Wahrung von Anonymität üblichen schriftlichen Befragungen scheiden allerdings aus, weil ein persönlicher Dialog erforderlich ist: Darin werden den Befragten die benutzten Merkmale erläutert, und sie können ihre Stellungnahme dazu jeweils frei formulieren und, wenn nötig, vertiefen. Um all dies zu gewährleisten, kann nur eine unternehmensexterne Vertrauensperson als Gesprächspartner fungieren, die sich mit dem angewandten Vertrauensmodell auskennt, die Sicherheit bietet, dass die Äußerungen strikt getrennt von ihren Autoren ausgewertet werden und die das Spektrum der Äußerungen ob-

Merkmale \ Bewertung	sehr schwach (0)	schwach (1)	mittel (2)	stark (3)	sehr stark (4)
1. Kommunikation					
– Verständlichkeit und Glaubwürdigkeit der Aussagen der Unternehmensleitung und des direkten Vorgesetzten	●				★
– Einhaltung von eingegangenen Engagements		●			★
– Klarheit und Beständigkeit der Führung		●			★
– Zugänglichkeit der Führung für Informationen, Argumente und Meinungen	●				★
2. Zukunftsperspektive					
– Bestand des Unternehmens		●		★	
– Sicherheit der Beschäftigung	●			★	
– Krisensicherheit		●		★	
3. Verlässlichkeit der Spielregeln					
– Klarheit der Regeln und Werte	●			★	
– Respektieren der Regeln und Werte	●			★	
– Raum für Initiative	●			★	
– Beziehung der Sozialpartner		●		★	
4. Identifikation mit dem Unternehmen					
– Ansehen des Unternehmens	●				★
– Gefühl, dazuzugehören		●		★	
– Größe des gemeinsamen Vorhabens			●	★	
5. Wertschätzung durch das Unternehmen					
– Fähigkeit, den eigenen Beitrag zu erkennen		●		★	
– Anerkennung der eigenen Leistung		●		★	
– Gerechtheit der Belohnung		●		★	
– Möglichkeit der Selbstverwirklichung		●		★	
6. Zugehörigkeit zu einer Gemeinschaft					
– Teamarbeit	●				★
– Qualität der Teams		●			★
– Teilhabe am gemeinsamen Ziel		●			★
– Wertschätzung der gemeinsamen Leistung	●				★
MITTELWERT	**0.5**			**3.4**	

Abb. 1 Vertrauensprofile der Unternehmen A und B

jektiv in Skalenwerte übersetzen kann, um ein konsolidiertes Vertrauensprofil zu erstellen, wie es die Abb. 1 für die im Vorangegangenen betrachteten Unternehmen A und B zeigt.

Vielleicht ist Ihnen nicht wohl bei dem Gedanken, in Ihrem Unternehmen Externe mit den Mitarbeitern unter vier Augen über das Thema Vertrauen sprechen zu lassen. Sie meinen, über Vertrauen in Ihrem Unternehmen selbst ganz gut Bescheid zu wissen. Sie haben vielleicht in der Vergangenheit, wie eine ganze Reihe anderer Unternehmen, in gewissen Abständen schriftliche Erhebungen zur Mitarbeiterzufriedenheit durchführen lassen. Beim Ausfüllen des Fragebogens geht es vielen Menschen jedoch so, dass die endlos erscheinende Reihe von Fragen, zu deren Beantwortung sie nur Kästchen anhaken können, ihnen eher lästig ist und sie zur Flüchtigkeit verleitet. Über die Zuverlässigkeit der Auswertungsergebnisse hegten auch Sie vielleicht immer Zweifel, aber die Befragung gab Ihnen und Ihren Führungskollegen jedes Mal doch einen Anstoß, interne Verbesserungsmöglichkeiten anzugehen, zum Beispiel die Work-Life-Balance der Mitarbeiter stärker im Auge zu haben, die Information über die Entwicklung des Unternehmens zu verbessern, die Möglichkeiten der Weiterbildung auszubauen und organisatorische Schwachstellen anzugehen. In den uns bekannten Unternehmen stellten wir jedoch fest, dass die kritischen Punkte des so ermittelten Profils der Mitarbeiterzufriedenheit immer nur Symptome einer tiefer sitzenden Unzufriedenheit waren, die sich in keinem noch so ausführlichen Fragebogen artikulieren kann.

Wenn Ihnen durch die Lektüre dieses Buches die Bedeutung von Vertrauen und die Zusammenhänge für ein Vertrauensklima bewusster werden, die konkrete Rolle, die Vertrauen für das Engagement der Führungskräfte und Mitarbeiter in Ihrem Unternehmen spielt, dann dürften Sie die folgenden anonymisierten Ergebnisse von Analysen des Vertrauensklimas interessieren und Sie reflektieren lassen, wie eine solche Analyse in Ihrem Unternehmen ausfallen würde.

Fallbeispiel 1: Wie erzeugen wir neues Wachstum?

Das Unternehmen C, ein Dax-Konzern im Maschinen- und Anlagenbau, erwirtschaftete noch immer einigermaßen zufriedenstellende Ergebnisse, aber die Mitglieder des Vorstands sorgten sich zunehmend um seine Zukunft. Sie versuchten, die Führungskräfte der vier Unternehmensbereiche und die Mitarbeiter zu mobilisieren, sich stärker für die Wachstums- und Ergebnisziele einzusetzen, die man als notwendig ansah – sei es in der Produktentwicklung, bei der Hervorbringung neuer Dienstleistungen, im Vertrieb oder in den Betrieben. Aber die Reaktion blieb nahezu aus. Alles ging seinen gewohnten Gang, als könne dem Unternehmen nichts und niemand ernsthaften Schaden zufügen.

Und in der Tat waren seine Produkte seit Jahren im Markt fest etabliert, und die Nachfrage war noch stabil, wenn auch die Preisverhandlungen immer schwieriger wurden. Aber das Umsatzwachstum ließ seit einigen Jahren nach, und der Ertrag ging absolut und prozentual von Jahr zu Jahr zurück.

Der Vorstandsvorsitzende fragte sich, wieso im Unternehmen trotz der immer wieder ausgesprochenen und belegten Sorge um die Zukunft ein so großes Beharrungsvermögen bestand. Mehrere Projekte zur Entwicklung von Wachstumsmöglichkeiten und die Suche nach Innovationsansätzen blieben trotz hoher Aufwendungen und zahlreicher Organisationsmaßnahmen ohne nennenswerte Wirkung. Weil er nicht in der Lage war, das Verhalten der Führungskräfte und Mitarbeiter zu verstehen und sie aufzurütteln, solange dafür noch Zeit war, beschloss der Vorstand schließlich, wenn auch nicht ohne Skepsis und betonte Zurückhaltung zweier Vorstandsmitglieder, die Ursachen im Unternehmen untersuchen zu lassen. Die Skepsis beruhte darauf, dass das Vorhaben nach der Vorstellung des Vorstandsvorsitzenden darauf abzielen sollte, größeres Vertrauen in die Richtigkeit und Notwendigkeit des Wandels zu erzeugen, den der Vorstand anstrebte. Die beiden Skeptiker und mit ihnen eine ganze Reihe von Führungskräften fragten sich, wie die Analyse von Vertrauen dazu beitragen sollte, die Strategieumsetzung zu verbessern.

Was die Entscheidung erleichterte, war die dazu vorgeschlagene Vorgehensweise: Es sollte nicht schon wieder eine umfassende und langwierige Mitarbeiterbefragung geben, wie sie vom früheren Vorstand vor einiger Zeit in Auftrag gegeben worden war und die keine konkreten Folgen gehabt hatte. Stattdessen sollten Einzelgespräche mit einer begrenzten Stichprobe von Führungskräften und Mitarbeitern der verschiedenen Bereiche und Ebenen, etwa 2 % der gesamten Belegschaft, stattfinden.

Das Ergebnis der Gesprächsrunde ist in Abb. 2 dargestellt. Es zeigte sich, dass das Vertrauen in die Unternehmensleitung aus verschiedenen Gründen geringer war als gedacht – obwohl die Aussagen der Unternehmensleitung und der Führungskräfte auf allen Ebenen als verständlich und glaubwürdig angesehen wurden. Mehrere personelle Veränderungen in der Unternehmensleitung und darauf folgende neue Vorgaben und Appelle hatten die etablierten Regeln und Werte des Unternehmens infrage gestellt, aber im Tagesgeschäft lief alles weiter wie bisher. Die Vorstände blieben unverändert unzugänglich für Gedanken und Vorschläge der Mitarbeiter, wie sich Schwachstellen bei den Abläufen und Produkten beseitigen lassen könnten. Derartige Initiativen erwiesen sich aus der Sicht der Mitarbeiter weiterhin als unfruchtbar, während die Einhaltung der Routinen und Zuständigkeitsabgrenzungen im Vordergrund stand, die tra-

Merkmale / Bewertung	sehr schwach (0)	schwach (1)	mittel (2)	stark (3)	sehr stark (4)
1. Kommunikation					
– Verständlichkeit und Glaubwürdigkeit der Aussagen der Unternehmensleitung und des direkten Vorgesetzten			●		
– Einhaltung von eingegangenen Engagements			●		
– Klarheit und Beständigkeit der Führung		●			
– Zugänglichkeit der Führung für Informationen, Argumente und Meinungen	●				
2. Zukunftsperspektive					
– Bestand des Unternehmens				●	
– Sicherheit der Beschäftigung				●	
– Krisensicherheit				●	
3. Verlässlichkeit der Spielregeln					
– Klarheit der Regeln und Werte		●			
– Respektieren der Regeln und Werte		●			
– Raum für Initiative	●				
– Beziehung der Sozialpartner		●			
4. Identifikation mit dem Unternehmen					
– Ansehen des Unternehmens			●		
– Gefühl, dazuzugehören		●			
– Größe des gemeinsamen Vorhabens		●			
5. Wertschätzung durch das Unternehmen					
– Fähigkeit, den eigenen Beitrag zu erkennen	●				
– Anerkennung der eigenen Leistung		●			
– Gerechtheit der Belohnung		●			
– Möglichkeit der Selbstverwirklichung	●				
6. Zugehörigkeit zu einer Gemeinschaft					
– Teamarbeit	●				
– Qualität der Teams		●			
– Teilhabe am gemeinsamen Ziel	●				
– Wertschätzung der gemeinsamen Leistung		●			
MITTELWERT		**1.1**			

Abb. 2 Vertrauensprofil des Unternehmens C

ditionell immer zu Rangeleien zwischen den Abteilungen führten und Zeit in Anspruch nahmen.

Die Mitarbeiter betrachteten zwar die Zukunft und die Reputation des Unternehmens als dennoch solide genug, aber trotz seines guten Rufes identifizierten sie sich nicht wirklich mit ihm. Sie hatten nicht das Gefühl, dass ihr Beitrag zum Unternehmenserfolg anerkannt wurde, und betrachteten sich als mehr oder weniger passive Rädchen in der Maschinerie, deren Lauf sie nicht nennenswert beeinflussen zu können glaubten. Was sie an das Unternehmen band, war vor allem die Sicherheit des Arbeitsplatzes, ohne dass sie sich von einer gemeinsamen Leistung motiviert fühlten, sich eines gemeinsamen Ziels über Umsatz und Gewinn hinaus bewusst waren und eine Wertschätzung ihres Einsatzes erfuhren. Ihr Vertrauen in die Beständigkeit des Unternehmens war trügerisch, aber aufgrund einer langen erfolgreichen Unternehmensgeschichte bis dahin noch unerschüttert. Jedoch ging dem Unternehmen viel von dem möglichen Engagement und dem Wissen der Mitarbeiter verloren, weil diese die Führung als dirigistisch empfanden.

Das Ergebnis der Untersuchung führte bei den Mitgliedern des Vorstands und der zweiten Führungsebene zu einem Umdenken. Sie hatten bis dahin die Kommunikation als Einbahnstraße betrachtet, als Überzeugungsarbeit und Veränderungsdruck in das Unternehmen hinein. Die Beharrungskräfte im Unternehmen hatten sie auf die mangelnde Bereitschaft der Mitarbeiter zurückgeführt, notwendige Veränderungen zu akzeptieren, die aber mit der Weiterentwicklung des Unternehmens verbunden sein mussten. Mit dem Betriebsrat bestand ein Spannungsverhältnis, in dem sich beide Seiten Interessengegensätze unterstellten. Diese Spannungen hatten zunehmend in das Unternehmen ausgestrahlt.

Die offensichtlichste Erkenntnis aus der Vertrauensanalyse war, dass die Vorstandsmitglieder und die Führungskräfte auf allen Ebenen viel stärker auf die Anliegen, die Ideen und die Kompetenz der Mitarbeiter achten und ihnen Raum für Initiativen geben sollten. Sie erkannten, wie wichtig es war, die Mitarbeiter in die kritische Überprüfung und Veränderung der Verhaltensregeln und Werte des Unternehmens einzubeziehen und dann auf dem Erreichten aufzubauen. Die häufigen Änderungen hatten das Vertrauen zunichte gemacht, sich auf das Erreichte verlassen zu können. Die wiederholten Verschlimmbesserungen hatten den Eindruck erweckt, dass die Unternehmensleitung immer wieder etwas verkündete, das keinen langen Bestand hatte, zumal viele der Mitarbeiter zu wissen glaubten, was die besseren Lösungen gewesen wären, aber nicht gefragt worden waren und von sich aus auch nicht einwirken konnten.

Die Verbundenheit der Mitarbeiter mit dem Unternehmen zu stärken und die Rolle, die sie für das Unternehmen spielten, ausdrücklich anzuerkennen –

dies musste nun zu einer wesentlichen Führungsaufgabe werden. Dazu gehörte, dass die Führungskräfte Teamarbeit auf allen Ebenen organisierten, die sich von der bisherigen Tätigkeit der Arbeitsgruppen unterschied, die fälschlicherweise Teams genannt worden waren. Die neu gebildeten Teams aus Mitarbeitern unterschiedlicher Verantwortungsbereiche erhielten eine bereichsübergreifende Aufgabenstellung mit einem gemeinsamen Ziel und konnten alle Mittel, Kapazitäten und Vollmachten, die sie für dessen Erreichung benötigten, selbst beantragen. Einmal ernannt und mit genehmigten Ressourcen ausgerüstet, sollten sie nicht mehr den Bereichsinteressen ausgesetzt sein, sondern nach ihrer Leistung und ihren Ergebnissen für das Unternehmen beurteilt werden, und zwar gemeinsam.

Es dauerte seine Zeit, bis sich die neue Arbeitsweise eingespielt hatte: Die Mitarbeiter, aber auch die Führungskräfte konnten aktiv Informationen, Argumente und Meinungen einbringen, die sie für nützlich hielten, um das Funktionieren des Unternehmens sicherzustellen. Die jeweils nächsthöhere Ebene baute nicht nur darauf, sondern bestärkte diese Initiative sogar. Das Engagement der Mitarbeiter und ihre Identifikation mit der Weiterentwicklung des Unternehmens nahm in dem Maß zu, in dem sie darauf zu vertrauen begannen, dass ihr Beitrag anerkannt und gewürdigt wurde und dass sie Teil einer Gemeinschaft waren, die ihren Beitrag brauchte und sich im vertrauensvollen Zusammenspiel aufgeschlossener und mit neuen Ideen auf die Marktentwicklung einstellen konnte.

So zusammengefasst, klingt die Fallbeschreibung, als sei alles glattgelaufen. Aber der Überzeugungsprozess und die Arbeit an einem Vertrauensklima im Unternehmen wurden durch zunehmende Kritik der Kunden und der Medien an Pannen der Produktbereitstellung beeinträchtigt. Immer wieder kam die Versuchung auf, durch sogenannte Durchgriffe von oben und entschlossene Anweisungen die Symptome anzugehen. Immer wieder musste der Vorstandsvorsitzende dagegenhalten, dass dadurch die Ursachen der Pannen noch verstärkt werden würden. Ein Teil der Mitarbeiter tat sich schwer, nach der langen Erfahrung mit der bisherigen Anweisungskultur an eine Veränderung zu glauben, andere wollten diese Veränderung zunächst auch nicht haben, weil sie befürchteten, dadurch an Position und Sicherheit zu verlieren. Doch die Überzeugung des Vorstandsvorsitzenden sowie seines Finanz- und seines Technikvorstands, auf dem richtigen Weg zu sein, wuchs stetig. Dank dieser Überzeugung gelang es, Zweifler im Unternehmen, Skeptiker im Aufsichtsrat und missgünstige Stimmen in der Öffentlichkeit, denen man erst einmal nichts Handfestes entgegensetzen konnte, so lange „auszuhalten", bis verbesserte Produkte und neue Dienstleistungen zu einem Anstieg des Umsatzwachstums und des Ertrags führten, das Ansehen des Unternehmens im Markt wieder neuen Glanz gewann und die entscheidenden Führungskräfte und Mitarbeiter des Unternehmens begannen, auf das Vertrauensklima zu setzen.

Fallbeispiel 2: Wie schaffen wir eine Bereitschaft zum Wandel?

Das familiengeführte mittelständische Chemie-Unternehmen D schlug sich mehr schlecht als recht im Markt. Die Konjunkturtäler hatte es bis dato ohne Krisenstimmung im Unternehmen, ohne Verluste und mit nur geringem Stellenabbau durchgestanden. Weil sich aber die Ertragslage nie vollständig erholte, waren die Investitionsmöglichkeiten des Unternehmens eingeschränkt. Die drei Geschäftsleiter informierten offen, zeitnah und in persönlichen Gesprächen mit den Führungskräften darüber, wie die Geschäfte liefen und welche Anstrengungen unternommen werden mussten, um im zunehmenden globalen Konkurrenzkampf zu bestehen. Die Führungskräfte und die Mitarbeiter waren immer stolz auf die eindrucksvolle langjährige Geschichte des Unternehmens und auf seine Fähigkeiten gewesen. Dazu gehörten solides technisches Know-how, eine Gewissenhaftigkeit, die besonders im Ausland oft den Unterschied machte, und effiziente Abläufe, die immer wieder verbessert worden waren. Die Regeln im Unternehmen waren klar und seit Jahren etabliert – sowohl was die „Oberhoheit" der Geschäftsleitung anbetraf (deren Vorsitzender Mitglied der Eigentümerfamilie war, die das Unternehmen in drei Generationen aufgebaut hatte) als auch in Bezug auf Loyalität, Ehrlichkeit und Fleiß. Diese Mentalität wurde seit jeher in der ganzen Region gepflegt, war allerdings in der jüngeren Vergangenheit infolge von Krisen einiger anderer Unternehmen in der Region spürbar geschwächt. Im Ort herrschte Unruhe, weil die Arbeitslosenzahl deutlich gestiegen und die Gemeinde hoch verschuldet war. Die öffentliche Diskussion und die Berichte und Kommentare in den Medien weckten bei den Menschen das Gefühl, ausgeliefert und bedroht zu sein. Daraus entstand zunehmend die Meinung, dass die Politiker und Wirtschaftsgrößen der Situation nicht gewachsen waren.

Diesen Einflüssen unterlagen auch die Menschen im Unternehmen D. So nahm der Vorsitzende der Geschäftsleitung immer mehr Anzeichen dafür wahr, dass sich im Unternehmen eine Stimmung der Skepsis ausbreitete, die das Vertrauensverhältnis der Mitarbeiter zur Geschäftsleitung und zum Unternehmen zu trüben begann. Dieser Entwicklung schrieb er es zu, dass das Unternehmen seit einiger Zeit nur noch mittelmäßige Erfolge verzeichnete. Nun suchte er nach Möglichkeiten, den externen Einflüssen entgegenzuwirken und die Mitarbeiter wieder stärker sehen zu lassen, dass „ihr“ Unternehmen sich durch ihren Einsatz auch in Zukunft behaupten würde.

Die Geschäftsleiter gaben eine Analyse des Vertrauensklimas im Unternehmen in Auftrag, deren Ergebnisse in Abb. 3 zu sehen sind. Sie führte ihnen vor Augen, dass die Mitarbeiter die Aussagen der Geschäftsleitung zwar verständlich und glaubwürdig fanden und das Zukunftspotenzial des Unternehmens nicht in Zweifel zogen. Allerdings fühlten sie sich nicht als Mitkämpfer, sondern sahen sich nur als Ausführende dessen, was die Geschäftsleitung entschied. Diese Wahrnehmung wirkte der starken Identifikation der Mitarbeiter mit dem Unternehmen zunehmend entgegen. Die Geschäftsführung ließ keinen Raum dafür, dass die Mitarbeiter eigene Ideen einbrachten. Wenn diese doch die Initiative ergriffen und Dinge infrage stellten, ernteten sie dafür keine Anerkennung, sondern hatten den Eindruck, dass die Geschäftsleitung sich kritisiert fühlte und meinte, es selbst besser wissen zu müssen. So war es beim Vater des derzeitigen Vorsitzenden der Geschäftsleitung auch gewesen, als das Unternehmen noch wesentlich kleiner gewesen war, aber er hatte noch den vollen Überblick gehabt und es meistens tatsächlich besser gewusst. Inzwischen war das Unternehmen größer und komplexer geworden, es fand ein schneller technischer Wandel in der Branche statt, und die Loyalität der Kunden ließ immer spürbarer nach. Weil die Geschäftsleitung in den Augen der Mitarbeiter dem Betrieb und auch den Kunden immer mehr entrückt war, wurden sie hellhörig für die Stimmen im Umfeld des Unternehmens, dass den Verantwortlichen in Politik und Wirtschaft nicht mehr zu trauen sei.

Der Vorsitzende der Geschäftsleitung verstand die Herausforderung sofort: Es ging darum, den Mitarbeitern zu beweisen, dass alle im Unternehmen eine Gemeinschaft bildeten, in der der Beitrag jedes Einzelnen zählte und gebraucht wurde. Der Weg zu diesem Vertrauen musste darin bestehen, Teamarbeit und Teamgeist zu stärken – und dabei auch die Geschäftsleitung einzubeziehen – sowie die gemeinsame Leistung und den Beitrag jedes Mitarbeiters zur Zielerreichung deutlich zu würdigen. Es galt, das Unternehmen durch ein neues Vertrauensklima in die Lage zu versetzen, das Wissen und das Engagement aller seiner Mitarbeiter zu nutzen und sich durch neue Initiativen gegen den Vertrauensschwund zu immunisieren, der in der Region zu beobachten war. Dieses Ziel erforderte einen Wandel des Führungsstils, weg von der traditionell eher patriarchalischen „Oberhoheit“ der Geschäftsleitung hin zu einer stärkeren Beteiligung der zweiten Führungsebene und der Mitarbeiter an der strategischen und operativen Ausrichtung des Unternehmens auf die Herausforderungen im Umfeld, die sich spürbar veränderten.

Merkmale / Bewertung	sehr schwach (0)	schwach (1)	mittel (2)	stark (3)	sehr stark (4)
1. Kommunikation					
– Verständlichkeit und Glaubwürdigkeit der Aussagen der Unternehmensleitung und des direkten Vorgesetzten			●		
– Einhaltung von eingegangenen Engagements			●		
– Klarheit und Beständigkeit der Führung			●		
– Zugänglichkeit der Führung für Informationen, Argumente und Meinungen			●		
2. Zukunftsperspektive					
– Bestand des Unternehmens				●	
– Sicherheit der Beschäftigung			●		
– Krisensicherheit				●	
3. Verlässlichkeit der Spielregeln					
– Klarheit der Regeln und Werte			●		
– Respektieren der Regeln und Werte			●		
– Raum für Initiative		●			
– Beziehung der Sozialpartner			●		
4. Identifikation mit dem Unternehmen					
– Ansehen des Unternehmens			●		
– Gefühl, dazuzugehören			●		
– Größe des gemeinsamen Vorhabens			●		
5. Wertschätzung durch das Unternehmen					
– Fähigkeit, den eigenen Beitrag zu erkennen		●			
– Anerkennung der eigenen Leistung	●				
– Gerechtheit der Belohnung		●			
– Möglichkeit der Selbstverwirklichung		●			
6. Zugehörigkeit zu einer Gemeinschaft					
– Teamarbeit		●			
– Qualität der Teams		●			
– Teilhabe am gemeinsamen Ziel			●		
– Wertschätzung der gemeinsamen Leistung		●			
MITTELWERT		1.6			

Abb. 3 Vertrauensprofil des Unternehmens D

Die gemeinsame Arbeit an der neuen Vertrauensbasis bewirkte, dass die Mitarbeiter eine ganze Reihe von Maßnahmen in der Produktion und im Vertrieb selbst vorschlugen, die dann zügiger als je zuvor umgesetzt wurden. So konnte die Misstrauensstimmung des Umfelds nicht mehr in das Unternehmen vordringen. Vielmehr konnte das Unternehmen nun zunehmend den Gegenbeweis antreten: dass es nämlich durch vertrauensvolles Zusammenwirken von Geschäftsleitung und Mitarbeitern gelingen kann, die Herausforderungen des technischen Wandels und der Globalisierung zu meistern. Ebenso wie sie mit überpointierten Negativmeldungen die Stimmung in der Region beeinträchtigt hatten, griffen die Medien nun die neue Aufbruchsstimmung im Unternehmen auf und stellten es als Musterbeispiel für erfolgreiches Unternehmertum heraus.

Fallbeispiel 3: Wie sichern wir Loyalität?

Loyalität der Mitarbeiter gehörte nicht zu den Stärken des Unternehmens E, eines Anlagenbauers: Trotz beeindruckender Geschäftsentwicklung liefen dem Unternehmen immer wieder gute Leute weg. Der Verlust an Know-how und Erfahrung war jedes Mal ärgerlich, aber aufgrund seines Bekanntheitsgrades und seines guten Images war es dem Unternehmen nie schwergefallen, neue Ingenieure und Techniker zu gewinnen und diese dank klarer Managementsysteme und detaillierter Ablauf- und Leistungsvorgaben jeweils schnell in die Projekte und Strukturen des Unternehmens einzuarbeiten. Seit einiger Zeit erwies es sich jedoch als immer schwieriger, gute Mitarbeiter zu finden. Zum Teil waren Projekte dünn besetzt und die bestehenden Projektmannschaften überlastet, wodurch die Fluktuation noch zunahm.

In der Unternehmensleitung war man sich uneinig, wie diesem Problem zu begegnen sei. In der Vergangenheit hatte das Unternehmen durch Restrukturierungen und den Abbau der Gemeinkostenbereiche den immer härteren Preiskampf im internationalen Anlagengeschäft verkraften können, und mit einigen Akquisitionen war es gelungen, das Geschäftsfeld in Bezug auf die Anlagentechniken und die Geografie auszuweiten. Die Unternehmensleitung hatte sich über Jahre eingespielt und eine klare und konsequente Vorgehensweise verfolgt, das Projektmanagement war bis in die Einzelheiten durchdacht und geregelt, und die Mitarbeiter wussten genau, was von ihnen erwartet wurde. Es gab ein Punktesystem, nach dem ausgerechnet wurde, welche Boni vergeben wurden, nicht nach Einzelleistung, sondern nach dem Erfolg der Projekte.

Einige Mitglieder der Unternehmensleitung meinten, man müsse das Punktesystem überarbeiten, um höhere materielle Anreize zu bieten. Andere plädierten dafür, weitere Rationalisierungsmöglichkeiten zu suchen. Ein Mitglied kam mit einer Idee, die die anderen zunächst als „schrullig" ansahen: Man solle doch die Mitarbeiter befragen, was sie beim Unternehmen hielt, und sogar ehemalige Mitarbeiter kontaktieren, um herauszufinden, warum sie das Unternehmen verlassen hatten. „Ist doch klar, wegen des besseren finanziellen Angebots der Konkurrenz!", befanden die, die das Punktesystem ändern wollten. „Wissen wir das so genau?", fragte der Vorstandskollege, der die Befragung vorgeschlagen hatte. Nach langem Hin und Her beauftragte man ihn schließlich, Angebote für eine solche Befragung einzuholen.

Die angesprochenen Meinungsforschungs- und Beratungsfirmen schlugen unterschiedlich große Stichproben vor, und ihre Angebote unterschieden sich auch deutlich in den Fragen, die sie den Mitarbeitern stellen wollten, in den Auswertungstechniken und in den Kosten. Ein Anbieter hielt eine 100 %ige Einbeziehung aller Mitarbeiter für notwendig und wollte mit Multiple-Choice-Fragen arbeiten, deren Auswertung vollkommen per Computer erfolgen sollte. Andere sahen eine Kombination von vorgeschalteter mündlicher Befragung und anschließender Fragebogenaktion vor, bei der aber auch nur Häkchen angebracht werden konnten. Ein Angebot fiel vollkommen aus der Reihe: Es sah zunächst einen Workshop mit der Unternehmensleitung vor und anschließend eine relativ kleine Stichprobe für Einzelgespräche mit ausgewählten Führungskräften und Mitarbeitern, um deren Einschätzung der Vertrauensfaktoren im Unternehmen zu ermitteln. Für dieses Vorgehen entschied sich die Unternehmensleitung.

Das kumulierte Ergebnis zeigte eine krasse Diskrepanz zwischen den Aussagen zum Kommunikationsgebaren im Unternehmen, zur Zukunftsperspektive des Unternehmens und zur Verlässlichkeit der Spielregeln auf der einen Seite und dem Verhältnis der Mitarbeiter zum Unternehmen und untereinander auf der anderen Seite (s. Abb. 4).

Am erstaunlichsten war für die Unternehmensleitung, dass die Identifikation der Mitarbeiter mit dem Unternehmen sich als schwach herausstellte, obwohl das Unternehmen in den Augen der befragten Mitarbeiter eine günstige Zukunftsperspektive aufwies und ein hohes Ansehen im Markt genoss. Sie hatten kaum das Gefühl, dazuzugehören und eine konstruktive Rolle im Unternehmen zu spielen. Der Grund hierfür lag offensichtlich darin, dass ihr eigener Beitrag zum Unternehmenserfolg für sie nicht erkennbar war und sie für ihre eigene Leistung auch keine Anerkennung fanden. Sie gingen sozusagen immer im Projekt unter, gleichgültig ob sie mehr oder weniger leisteten als die anderen. Sie fühlten sich austauschbar und waren es in der Vergangenheit auch immer gewesen. Daher war es nicht verwunderlich, dass sie auf Projekten kein Team bil-

Merkmale / Bewertung	sehr schwach (0)	schwach (1)	mittel (2)	stark (3)	sehr stark (4)
1. Kommunikation					
– Verständlichkeit und Glaubwürdigkeit der Aussagen der Unternehmensleitung und des direkten Vorgesetzten				●	
– Einhaltung von eingegangenen Engagements				●	
– Klarheit und Beständigkeit der Führung					●
– Zugänglichkeit der Führung für Informationen, Argumente und Meinungen			●		
2. Zukunftsperspektive					
– Bestand des Unternehmens				●	
– Sicherheit der Beschäftigung				●	
– Krisensicherheit			●		
3. Verlässlichkeit der Spielregeln					
– Klarheit der Regeln und Werte					●
– Respektieren der Regeln und Werte					●
– Raum für Initiative		●			
– Beziehung der Sozialpartner			●		
4. Identifikation mit dem Unternehmen					
– Ansehen des Unternehmens				●	
– Gefühl, dazuzugehören		●			
– Größe des gemeinsamen Vorhabens		●			
5. Wertschätzung durch das Unternehmen					
– Fähigkeit, den eigenen Beitrag zu erkennen		●			
– Anerkennung der eigenen Leistung		●			
– Gerechtheit der Belohnung		●			
– Möglichkeit der Selbstverwirklichung		●			
6. Zugehörigkeit zu einer Gemeinschaft					
– Teamarbeit	●				
– Qualität der Teams	●				
– Teilhabe am gemeinsamen Ziel		●			
– Wertschätzung der gemeinsamen Leistung		●			
MITTELWERT			**2.2**		

Abb. 4 Vertrauensprofil des Unternehmens E

deten, sondern eher darauf bedacht waren, sich nicht mehr zu engagieren als die anderen. Die nach dem Punktesystem errechneten Boni waren in ihren Augen nicht gerecht, da nur das Projektergebnis insgesamt zugrunde gelegt wurde und nicht der Beitrag des Einzelnen.

Konsequent war die Einstellung, immer nur das Vorgeschriebene zu leisten und sich mit ohnehin nicht lohnenden Initiativen zurückzuhalten. Auf Dauer wurde der Mangel an Selbstverwirklichung und persönlichen Beziehungen im Unternehmen jedoch schwer erträglich und raubte das Vertrauen, am richtigen Platz zu sein. Mitarbeiter, die das Unternehmen verlassen hatten, bestätigten, dass es in erster Linie die Suche nach einem vertrauensvolleren Arbeitsverhältnis, nach einer anerkannten Rolle, nach neuen Entfaltungsmöglichkeiten gewesen war, die sie zum Wechsel bewegt hatte.

Die Unternehmensleitung hatte in dem vorgeschalteten Workshop bereits begonnen zu erkennen, dass materielle Anreize auch bei Ingenieuren und Technikern nur einen Teil der Beziehung ausmachen und daher nicht der Hauptgrund sein konnten, zu einem anderen Unternehmen zu wechseln. Zudem war deutlich geworden, dass Vertrauen in die Wertschätzung des individuellen Beitrags durch die Vorgesetzten, in die Zugehörigkeit zu einer Gemeinschaft, in die Möglichkeit der eigenen Weiterentwicklung eine tragfähigere Basis von Loyalität sind.

Die Untersuchungsergebnisse zeigten den Mitgliedern der Unternehmensleitung, dass es ihr Menschenbild gewesen war – die Vorstellung von der Austauschbarkeit der Mitarbeiter –, das den Bruch im Vertrauensprofil des Unternehmens verursacht hatte: die systematische Führung nach harten, ergebnisorientierten Kriterien, fast wie die Steuerung einer Anlage, die das Unternehmen verlässlich auf Erfolgskurs gehalten, aber die Mitarbeiter als austauschbare Leistungserbringer behandelt und ihnen nicht das Vertrauen gegeben hatte, anerkannte Mitglieder einer Gemeinschaft zu sein.

Dieses bis dahin unausgesprochene Menschenbild als falsch und schädlich aufgedeckt zu haben, war für die Unternehmensleitung das wichtigste Ergebnis der Untersuchung. Von dieser Erkenntnis bis zu einer Änderung des Führungs- und Kommunikationsverhaltens aus Überzeugung war es ein längerer Weg. Denn es reichte nicht aus, das Symptom der Fluktuation kurieren zu wollen. Vielmehr galt es, das Vertrauen der Mitarbeiter zu gewinnen, wertgeschätzt zu sein, gerecht behandelt zu werden, eine Zugehörigkeit zu Teams zu finden und sich durch interessante Aufgaben weiterentwickeln zu können. Die Unternehmensleitung musste die Glaubwürdigkeit entwickeln, neben oder im Grunde als Teil der ertragsorientierten Strategie die Loyalität der Mitarbeiter gewinnen zu wollen. Dass sich diese Vertrauenswürdigkeit nicht wie eine technische Anlage konzipieren und „herstellen“ ließ, sondern durch Verhalten über längere Zeit entstehen musste, war den Mitgliedern der Unternehmensleitung bewusst. Schon das Signal, dass die Unternehmensleitung die Bedeutung von Vertrauen verstanden und die Verantwortung dafür übernommen hatte, bewirkte aber bereits einen ersten Schritt in Richtung höherer Loyalität.

Fallbeispiel 4: Wie integrieren wir zwei Organisationen?

Fusionen werden (jedenfalls offiziell) nicht aus emotionalen Gründen eingegangen, sondern aus strategischem und ökonomischem Kalkül. Dieses Kalkül hat aber immer den Charakter einer Vorhersage, die sich erst später bestätigen muss – in vielen bekannten Fällen tat sie es nicht. Häufig ist das Kalkül unserer Erfahrung nach bewusst oder unbewusst mit optimistischen Annahmen und allzu theoretischen Argumenten geschönt, um einer emotionalen Motivation folgen zu können, groß oder sogar der Größte zu sein, sich zu beweisen oder seine Überzeugungs- und Entscheidungsmacht auszuspielen.

Unternehmen F, ein großer Automobilzulieferer, hatte aus einer Mischung von Kalkül und Kraftbeweis eine Fusion hinter sich gebracht, nach der der übliche Katzenjammer begann und es sich als schwierig und komplex herausstellte, die beschworenen Synergien auszuschöpfen und von der angestrebten Marktposition zu profitieren. Woran es lag, war dem Vorstand nicht ersichtlich. Die beiden unter einen Hut zu bringenden Organisationen verbrachten einen überproportionalen Teil ihrer Zeit mit internen Komplikationen, die oft durch Misstrauen der anderen Seite gegenüber bedingt waren. Zudem fehlte auf beiden Seiten das Vertrauen, dass das Endergebnis die Mühen lohnen würde.

An dieser Situation änderten auch Anweisungen und Beratereinsatz nicht viel. Schließlich merkte der neue Vorstandsvorsitzende des Gesamtunternehmens, dass er das Vertrauen des Aufsichtsrats zu verlieren begann und dass er selbst vielen seiner Mitstreiter nicht mehr vertraute. Er war überzeugt, dass die eigentliche Ursache in einem Vertrauensproblem im Unternehmen lag, das durch ironisch-kritische Berichte in der Presse verstärkt wurde. Er überzeugte seine Kollegen, Vorstandsmitglieder der beiden fusionierten Unternehmen, dass sie untereinander ein neues Vertrauensverhältnis brauchten, um gemeinsam und wirksam Vertrauen in die Organisation ausstrahlen zu können, dass man das Fusionsziel erreichen werde.

Kurzfristig beraumte man für ein Wochenende einen moderierten Vorstandsworkshop an. In diesem Workshop rangen die alten und neuen Vorstandsmitglieder um die Fragen, wem sie untereinander worin vertrauten und woran es lag, wenn sie es nicht taten. Dabei wurde deutlich, dass keines der Vorstandsmitglieder die Fusion als solche empfand, sondern dass es die Übernehmenden und die Übernommenen gab; nicht juristisch, aber gefühlt und im Verhalten. Zudem zeigte sich, dass viele Vorurteile herrschten, die dem zuvor gepflegten Feindbild des Konkurrenten entstammten. Dass diese Dinge bis dahin nicht ausgesprochen worden waren, hatte bewirkt, dass sie im Untergrund gärten, und zu Sprachregelungen gezwungen, denen die Mitarbeiter kein Vertrauen schenkten. Am Ende des Workshops war zwischen den Vorstandsmitgliedern das Bewusstsein erreicht, dass sie – wie auch immer es gelaufen war – nun ein gemeinsames Schicksal teilten und nur erfolgreich sein würden, wenn sie sich aufeinander verlassen konnten.

Als nächsten Schritt beschloss man eine Untersuchung des Vertrauensprofils im fusionierten Unternehmen und setzte ein darauf spezialisiertes Beraterteam ein. Das Profil deckte auf, dass bei den Mitarbeitern beider Seiten ein erstaunlich ähnliches Vertrauensdefizit bestand (s. Abb. 5). Was der Vorstand offiziell verkündet hatte, empfanden die Führungskräfte der zweiten und dritten Ebene nicht als glaubwürdig, die Mitarbeiter im Allgemeinen noch weniger. Man hielt die Aussagen und Zusagen der Führung für eine Hinhaltetaktik und erwartete weitere personelle Veränderungen im Machtkampf um Positionen, der sich im langwierigen Fusionsprozess abzuspielen drohte. Alle waren überfordert von den auf sie einstürmenden Belastungen, sodass ohnehin keine Zeit zum Nachdenken und für Korrekturen bestand.

Was die Mitarbeiter beider Seiten zum Durchhalten bewegte, waren die vom Vorstand beschworene Zukunftsperspektive, die zugesagte Sicherheit der Beschäftigung und das Ansehen, welches das resultierende Unternehmen in der Öffentlichkeit gewinnen sollte. Dagegen war ihnen weitgehend unklar, welche Regeln und Werte ihres Ursprungsunternehmens weiterhin gelten sollten und welche der davon abweichenden Regeln und Werte der anderen Seite sie akzeptieren mussten. Daraus entstand eine Haltung des Abwartens, bei der die Mitarbeiter es nicht wagten, selbst aktiv zu werden. Das Tagesgeschäft nahm sie zwar so in Anspruch, dass sie nicht daran zweifeln konnten, weiterhin eine wichtige Rolle zu spielen. Aber ihre überdurchschnittliche Leistung im Fusionsprozess empfanden sie als viel zu wenig anerkannt. Sie waren beunruhigt, weil die Zusammenarbeit mit den neuen Kollegen des „anderen" Unternehmens von gegenseitigem Misstrauen geprägt war und daher keine Identifikation mit dem neuen gemeinsamen Unternehmen entstehen konnte.

Dem Vorstand wurde bewusst, welche beträchtlichen Klärungs- und Verständigungsdefizite bestanden und dass in diesen Defiziten die internen Komplikationen und Verzögerungen begründet waren, ohne dass auf der einen oder

Merkmale / Bewertung	sehr schwach (0)	schwach (1)	mittel (2)	stark (3)	sehr stark (4)
1. Kommunikation					
– Verständlichkeit und Glaubwürdigkeit der Aussagen der Unternehmensleitung und des direkten Vorgesetzten		●			
– Einhaltung von eingegangenen Engagements		●			
– Klarheit und Beständigkeit der Führung	●				
– Zugänglichkeit der Führung für Informationen, Argumente und Meinungen	●				
2. Zukunftsperspektive					
– Bestand des Unternehmens				●	
– Sicherheit der Beschäftigung				●	
– Krisensicherheit				●	
3. Verlässlichkeit der Spielregeln					
– Klarheit der Regeln und Werte		●			
– Respektierung der Regeln und Werte		●			
– Raum für Initiative	●				
– Beziehung der Sozialpartner		●			
4. Identifikation mit dem Unternehmen					
– Ansehen des Unternehmens					●
– Gefühl, dazuzugehören			●		
– Größe des gemeinsamen Vorhabens			●		
5. Wertschätzung durch das Unternehmen					
– Fähigkeit, den eigenen Beitrag zu erkennen		●			
– Anerkennung der eigenen Leistung		●			
– Gerechtheit der Belohnung		●			
– Möglichkeit der Selbstverwirklichung		●			
6. Zugehörigkeit zu einer Gemeinschaft					
– Teamarbeit	●				
– Qualität der Teams	●				
– Teilhabe am gemeinsamen Ziel		●			
– Wertschätzung der gemeinsamen Leistung		●			
MITTELWERT		**1.3**			

Abb. 5 Vertrauensprofil des Unternehmens F

anderen Seite böser Wille im Spiel war. Bis dahin hatte die Führung versucht, Anzeichen von Vertrauensproblemen unter den Teppich zu kehren, weil sie befürchtet hatte, dass diese als Zeichen von Führungsschwäche oder gar als Beweis einer Fehlentscheidung angesehen würden. Dadurch war das Vertrauensproblem umso mehr gewachsen. Nachdem aber die Vertrauensprobleme im Vorstand selbst und anschließend durch die Mitarbeiteranalyse aufgedeckt waren, konnten sie explizit erklärt und behandelt werden.

Es wurden Vertrauensteams gebildet, die jeweils aus einem Mitarbeiter der beiden Ursprungsunternehmen bestanden und die bei grundlegenden Fragen, Meinungsverschiedenheiten oder Vorschlägen angesprochen werden konnten und für schnelle Klärung sorgen sollten. Natürlich gab es zahlreiche harte Integrationsaufgaben, deren Bewältigung Zeit und Aufwand erforderte und den Mitarbeitern Geduld und Verständnis abverlangte. Dazu gehörte vor allem die Bildung eines einheitlichen Informationssystems, einer einheitlichen Kostenstellen- und Kontenstruktur und eines kohärenten Produkt- und Dienstleistungsangebots für die Kunden. Hier war es wichtig, die Mitarbeiter durch mehr Transparenz zu überzeugen, dass zügig und mit hoher Kompetenz daran gearbeitet wurde. Als die interne Transparenz hergestellt war, verflogen viele Illusionen, und die Mitarbeiter zeigten ihre Bereitschaft, in der Übergangszeit durch besonderen Einsatz und Kundenpflege „den Laden in Gang zu halten".

Vertrauensbildung im Unternehmen

1 Vertrauen gewinnen und verbreiten

Die Fallbeispiele und zahlreiche andere erlebte Unternehmenssituationen haben uns verdeutlicht, dass es an der Unternehmensleitung ist, die Bedeutung von Vertrauen in der Organisation zu erkennen und die Initiative zur Entwicklung eines positiven Vertrauensklimas zu ergreifen. „Organisationen lassen sich heute nicht mehr mit Macht führen, sondern nur auf der Basis von Vertrauen", schrieb Peter Drucker in seinem letzten Buch vor seinem Tod, „Management im 21. Jahrhundert" (Drucker 1999). Die Vertrauensbasis entstehe durch die Fähigkeit der Unternehmensführer, Vertrauen zu gewinnen und Vertrauen zu schenken, so Drucker.

In beiden Richtungen ist Vertrauen ein Zwischenzustand zwischen Wissen und Nichtwissen über andere – wenn ich nichts über jemanden weiß, *kann* ich ihm nicht vertrauen, wenn ich alles über jemanden weiß, *brauche* ich ihm nicht zu vertrauen. Dieser Zwischenzustand, der im Verhältnis zu einer Person, einer Gruppe von Menschen und einer Organisation entstehen kann, wird möglich, wenn ich genügend über diese weiß, um in diesem Verhältnis zwar ein Risiko einzugehen oder eine Ungewissheit in Kauf zu nehmen, aber die Chance als ausreichend einschätze, dass ich und alle Beteiligten einen Gewinn daraus ziehen.

Vertrauen kann kalkulierend sein, wenn ich mein Gegenüber durch einen Vertrauensvorschuss dazu bewege, eine Vertrauensbeziehung mit mir aufzubauen, deren Vorteil für jeden von uns größer ist als der mögliche Schaden, der eintreten könnte, wenn der andere das Vertrauen opportunistisch ausnutzt. Das Risiko ist kalkulierbar, und der Vorteil besteht darin, dass man Transaktionskosten und Sicherheitsvorkehrungen einspart. Es geht darum, das Gegenüber zur Kooperation zu motivieren (Williamson 1993; Rousseau 1995). Ein umfassenderes Vertrauen schließt die soziale Seite der Beziehung ein, indem ich meine Erwartungen an die Motivation und die Kompetenz des Gegenübers einbeziehe und ein Schadensrisiko einzugehen bereit bin, das größer ist als der zu erwartende Vorteil. Dazu sind

T. Sommerlatte, J.-L. Fallou, *Quintessenz der Vertrauensbildung*, Quintessenz-Reihe,
DOI 10.1007/978-3-642-31385-1_5, © Springer-Verlag Berlin Heidelberg 2012

Vertrautheit und Zutrauen erforderlich, die meinen Glauben an die Handlungsmotivation und die Fähigkeiten des anderen begründen. Beobachtbare Merkmale wie Ehrlichkeit, Zuverlässigkeit, Kompetenz und der Ruf des oder der anderen bedingen eine vorwiegend unbewusste moralische Kalkulation, bei der Empathie und der gute Glaube eine starke Rolle spielen, dass bestimmte Persönlichkeitszüge des oder der anderen gegeben sind, auf die man bauen kann (Schweer und Thies 2003).

Die Fähigkeit zur nachhaltigen Vertrauensbildung setzt unserer Erfahrung nach beide Komponenten des Vertrauens voraus – die kalkulierende Vertrauensbereitschaft und die Empathie, um dem oder den anderen eine positive Grundeinstellung entgegenzubringen.

Bedingt durch ihren Lebensweg und ihre Sozialisierung sind diese Vertrauenskomponenten bei Führungskräften unserer Beobachtung nach sehr unterschiedlich ausgeprägt. In der folgenden Charakterisierung beschreiben wir die Vertrauenskomponenten in ihrer extremen Ausprägung; in den meisten realen Fällen stellen sie sich nuancierter dar.

- Führungskräfte können bei der kalkulierenden Vertrauensbildung in erster Linie ökonomische Maßstäbe anlegen und sich gegen Empathie verschließen oder gar dazu unfähig sein, sodass ihre Arbeitsbeziehungen (und oft auch alle ihre menschlichen Beziehungen) von Misstrauen überschattet bleiben,
- bei der Einschätzung anderer können ihnen immer wieder Fehler oder Nachlässigkeiten passieren, während sie schnell Zuversicht aufbringen, die den Charakter von Leichtgläubigkeit bis hin zu blindem Vertrauen aufweist, oder
- sie können mit Klarsicht die ökonomische Basis für kalkulierendes Vertrauen in andere einschätzen und mit ihnen gleichzeitig offen und empathisch auch eine emotionale Basis gegenseitigen Vertrauens schaffen.

Das ist die eine Seite der Vertrauensbildung. Die andere Seite ist die der eigenen Vertrauenswürdigkeit in den Augen der anderen.

Die eigene Kompetenz und die von anderen beobachtbaren Persönlichkeits- und Verhaltensmerkmale bedingen das kalkulierende Vertrauen, das andere einer Person entgegenzubringen bereit sind, während ihre Bereitschaft zu empathischem Vertrauen von Eigenschaften abhängt, die unter dem Begriff Charisma zusammengefasst werden können und zu denen Offenheit, Selbstvertrauen, Überzeugungskraft und Authentizität gehören. Auch hier kann man verschiedene Kombinationen unterscheiden, die wir in der folgenden Charakterisierung wieder in ihrer extremen Ausprägung beschreiben, die sich in den meisten realen Fällen aber auch nuancierter darstellen:

- Führungskräfte ohne herausragende Kompetenz und ohne Charisma sind in vielen Unternehmen anzutreffen, die so durchrationalisiert sind, dass Vertrauen weder eine Rolle spielt noch spielen soll.
- Führungskräfte mit hoher Kompetenz, aber ohne Charisma sind oft überzeugende Experten, die die technischen oder betriebswirtschaftlichen Funktionszusammenhänge ihres Gebiets, ihres Unternehmens oder beider überlegen durchschauen. Im Unternehmen aber strahlen sie Kühle aus und lassen über das Kalkül hinaus kein nachhaltiges Vertrauensklima entstehen.
- Umgekehrt lassen Führungskräfte, deren Charisma die Mitarbeiter zwar schätzen und denen sie ein hohes empathisches Vertrauen entgegenbringen, die aber in Kompetenz und Persönlichkeitsmerkmalen immer wieder Schwächen aufweisen und nur begrenztes kalkulierendes Vertrauen erhalten, ebenfalls kein nachhaltiges Vertrauensklima entstehen.
- Führungskräfte schließlich, die anderen sowohl durch ihre Kompetenz und ihre Persönlichkeitsmerkmale als auch durch ihr Charisma Vertrauen einflößen, erzeugen eine hohe Bereitschaft, ihnen zu folgen und sich ihnen anzuvertrauen.

Diese Darstellungen, so simplifizierend sie sind, haben uns und anderen in vielen Einsätzen verholfen, Vertrauensprobleme bei der Führung der Unternehmen in Grundzügen zu erkennen und den Führungskräften verständlich zu machen, dass und wo sie an sich arbeiten müssen. Diejenigen, die dazu fähig und bereit waren, haben in den meisten Fällen einen Bewusstseinswandel durchgemacht, der die Vertrauensbeziehungen zu ihren Kollegen und Mitarbeitern Schritt für Schritt verbessert und den Erfolg der gemeinsamen Arbeit beträchtlich erhöht hat. So verschieden die Persönlichkeitsstrukturen von Führungskräften sind – es geht immer darum, sich der spezifischen eigenen Schwachstellen und Stärken in der Vertrauenswürdigkeit und Vertrauensbildung bewusst zu werden und sich sozusagen sportlich weiterentwickeln zu wollen, um Vertrauen gewinnen und verbreiten zu können.

Eine Hilfe bei diesem Bemühen ist eine private Checkliste, eine Scorecard, an der man sich orientieren kann, vorausgesetzt, man ist von der elementaren Bedeutung von Vertrauen überzeugt und will in dieser Beziehung an sich arbeiten. Die Scorecard, die sich in vielen Fällen bewährt hat, weist vier Bereiche der Selbstbeobachtung auf (s. Abb. 1):

- die Entwicklung des Selbstvertrauens,
- die Entwicklung der zwischenmenschlichen Beziehungen,
- die Entwicklung der Beziehungen in Teams und
- die Führung in Entscheidungssituationen.

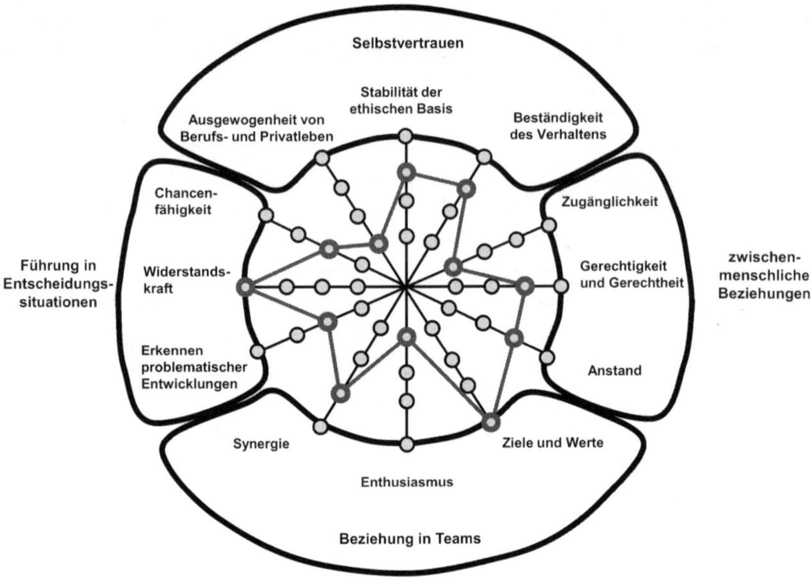

Abb. 1 Checkliste der eigenen Vertrauenswürdigkeit und Vertrauensfähigkeit

Ohne psychologische Expertise vorzugeben, haben wir die Erfahrung gemacht, dass diese Scorecard eine sehr hilfreiche Orientierung bietet. Auch Ihnen?

1.1 Wie steht es mit dem Selbstvertrauen?

Wirkliches Selbstvertrauen beweist sich nach unserer Erfahrung in der Ausgewogenheit von Berufs- und Privatleben, in der Stabilität der ethischen Basis und in der Beständigkeit des Verhaltens.

1.1.1 Ausgewogenheit von Berufs- und Privatleben

Im Laufe der langjährigen Beobachtung von sogenannten Topmanagern ist uns immer klarer geworden, dass Führungskräfte, die ihr Leben exzessiv oder gar ausschließlich auf ihren beruflichen Erfolg ausgerichtet haben, kein Vertrauen verdienen und es in der Tat auch nur beschränkt oder überhaupt nicht erhalten. Oft ist es ein Teufelskreis, denn den Mangel an Vertrauen glauben sie durch weiteren verstärkten Einsatz parieren zu können. Ihre Arbeitsbeziehungen sind tendenziell inflexibel, von Intoleranz geprägt und hektisch.

Zur Vertrauenswürdigkeit einer Führungskraft gehören unserer Erfahrung nach die Bereicherung durch menschliche Bindungen und die Erfahrungen von Freundschaft sowie kulturelle Interessen, gemeinnütziges Engagement und geistige Auseinandersetzungen. Das gilt heute umso mehr, als die omnipräsenten technischen Hilfen wie Mobiltelefon und PDA, Laptop und Tablet dazu verführen, immer wieder die Eigenständigkeit des Privatlebens durchbrechen zu lassen.

Die Ausgewogenheit von Berufs- und Privatleben ist ein entscheidender Bestandteil gesunden Selbstvertrauens, das keiner künstlichen Bestätigung durch Arroganz, Machtgehabe oder Perfektionismus bedarf. Aber sie muss gegen die ständige Versuchung und gegen die Fülle von Sorgen und Risiken verteidigt werden, die Verantwortung mit sich bringt und die umso unerbittlicher sind, je weniger man anderen vertrauen zu können glaubt.

Deutliche Anzeichen schwachen Selbstvertrauens sehen wir immer wieder bei Führungskräften, die mit extrem hohem Einsatz ihre Führungsposition zu legitimieren versuchen und ihre verantwortungsvollen Aufgaben als Erklärung dafür benutzen, dass sie so kompromisslos darin aufgehen.

1.1.2 Stabilität der ethischen Basis

Selbstvertrauen bedarf eines stabilen ethischen Fundaments, das zugleich auch ein wichtiger Faktor der Vertrauenswürdigkeit in den Augen der Menschen ist, die mit einem zu tun haben. Wie auch immer eine Führungskraft ihre ethische Basis erhalten, gefunden oder gebildet hat – durch Vorbild, Glauben, Vernunft oder durch eine Kombination davon –, die daraus entspringenden Werte verhelfen ihr, in widersprüchlichen Situationen und bei komplexen Verhaltensalternativen den Weg zu gehen, der ihrer eigenen Gewissensprüfung am besten standhält und der ihre Führungskollegen zu überzeugen vermag. Besonders wenn es darum geht, rechtliche oder ökologische Aspekte, menschliche Gesichtspunkte, Wettbewerbsanforderungen, Wirtschaftlichkeitsdruck und andere Anforderungen gegeneinander abzuwägen und zu Verhaltensentscheidungen zu verbinden, ist eine stabile ethische Basis notwendig, um sich nicht durch Opportunität und Druck „verbiegen" zu lassen.

In zahlreichen kritischen Situationen haben wir Unternehmensführer erlebt, die mit sich selbst oder im offenen Gedankenaustausch und Widerstreit mit ihren Führungskollegen darum gerungen haben, welche Entscheidung mit welchen Konsequenzen sie treffen sollten. Entlassungen und Erwartungen des Finanzmarkts, Qualität und Kosten, Umweltschutz und Rendite, Kunden- und Unternehmensinteressen, Konsens und eigener Durchsetzungswille standen in solchen Situationen oft im Wettstreit. Wann immer ein Unternehmensführer dem stärkeren Druck nachgab, statt seinem Gewissen zu folgen, oder nicht konsequent zu Ende dachte, verlor er im Endeffekt an Vertrauenswürdigkeit und musste sich danach viel stärker gegen unterschwelliges Misstrauen seiner Führungskollegen und Mitarbeiter behaupten. Nicht selten gewannen die benutzten materiellen, technisch-funktionalen oder darwinistischen Argumente so die Oberhand, dass die Vertrauensbasis der Führungskraft in den Augen ihrer Führungskollegen zerfiel und ihre Gewissensstimme, ihre ethische Basis so kompromittiert wurde, dass die Führungskraft sich immer stärker in die Enge getrieben fühlte.

In positiven Beispielen, die wir erlebten, standen Führungskräfte unerschütterlich zu dem, was sie für ethisch geboten hielten, selbst wenn dem Unternehmen, das sie führten, dadurch Geschäftschancen verloren zu gehen drohten (beispielsweise bei Verzicht auf sogenannte „angebotsbegleitende Maßnahmen" wie Schmiergelder), wenn auf sie Druck ausgeübt wurde, die Unternehmenssituation anders darzustellen, als sie wirklich war (Verzicht auf „Bilanzkosmetik"), oder wenn unternehmensinternen Widersachern auf die Spuren zu kommen war (Verzicht auf „E-Mail-Raids", also die heimliche Überprüfung der Mail-Ablagen). Das ethisch sichere Verhalten zahlte sich bei diesen Führungskräften im Vergleich zu manchen anderen aus, die „auch mal fünfe gerade sein ließen" und früher oder später damit aufflogen.

1.1.3 Beständigkeit des Verhaltens

Selbstvertrauen entsteht nicht durch theoretische Argumente, nicht durch das, was man sich selbst und anderen sagt, sondern durch die gesammelte Erfahrung aus dem eigenen Verhalten und seinen Folgen. Wenn das Verhalten beständig und eine innere Linie erkennbar ist, so verstärken sich die Identifikation mit sich selbst und das Selbstvertrauen. Wird das Verhalten dagegen durch Kräftekonstellationen im Umfeld geprägt und lässt keine innere Linie erkennen, so kann kein Selbstvertrauen entstehen; so entwertet der Betroffene sich innerlich vor sich selbst.

Führungskräfte, mit denen wir es zu tun hatten und die mehr oder weniger stark dazu neigten, herrschsüchtig zu sein, Vorurteilen zu folgen, Entscheidungen zu flüchtig abzusichern und Launen auszuleben, wandelten schließlich wie Aussätzige durch ihr Unternehmen. Die Last der Verantwortung und der Risiken, die ihnen immer bereitwilliger überlassen wurde, erhöhte sich, und sie wurden für andere immer unberechenbarer. In positiven Beispielen, die wir erlebten, wurden Führungskräfte dagegen aufgrund ihrer Kollegialität und ihrer eher gelassenen Offenheit und Unerschütterlichkeit immer wieder zum Wunschkandidaten für die Besetzung der nächsthöheren Position.

1.2 Wie steht es mit den zwischenmenschlichen Beziehungen?

Die zwischenmenschlichen Beziehungen einer Führungskraft bauen auf ihrem Selbstvertrauen auf. Wenn dieses Selbstvertrauen instabil oder unterhöhlt ist und die Person starke Verhaltensschwankungen zeigt, dann leiden darunter auch die zwischenmenschlichen Beziehungen. Führungskräfte mit gesundem Selbstvertrauen beweisen in ihren Beziehungen zu Führungskollegen und Mitarbeitern meist eine hohe Zugänglichkeit, Gerechtheit und viel Anstand.

1.2.1 Zugänglichkeit

Ein Vorstandsvorsitzender, mit dem wir zu tun hatten, sagte manchmal, halb im Scherz, aber doch aus Überzeugung: „Ich bin nicht der Chief Executive Officer meines Unternehmens, sondern sein Chief *Listening* Officer!" Er stellte sicher, dass er trotz der Vielzahl von Terminen und Reisen immer Zeit für seine Führungskräfte und Mitarbeiter hatte, wenn sie ihn sprechen wollten, und dass er seinerseits Gelegenheiten für persönliche Gespräche mit ihnen suchte – selbst wenn diese Begegnungen am frühen Morgen stattfinden mussten, weil der Tag mit anderen Terminen belegt war. Er gab seiner Zugänglichkeit für die Menschen im Unternehmen hohe Priorität. Im Laufe seiner Erfahrung des Zuhörens hatte er eine Fähigkeit entwickelt, in den Begegnungen auch das Unausgesprochene herauszuhören, aus Blicken und Wendungen zu erkennen, was der Gesprächspartner auf dem Herzen hatte, auch wenn er es nicht aussprach. Er ermutigte alle Führungskräfte im Unternehmen, ebenfalls ihre Zugänglichkeit zu erhöhen und auf die Informationen und Signale, die sie von ihren Mitarbeitern erhielten, offen und nachvollziehbar zu reagieren.

In anderen Unternehmen, in denen Gespräche der Führungskräfte mit den Mitarbeitern angeordnet wurden, ohne dass deren überzeugtes Engagement dafür bestand, empfanden die Mitarbeiter die Gespräche als Trick, als Zeichen dafür, dass etwas „im Busch" war, oder als nutzlose Routine, die nichts bewirken würde. Nur wenn die Zugänglichkeit mit glaubwürdigem Interesse verbunden ist und wenn sich für die Mitarbeiter zeigt, dass sie auf diese Weise etwas bewirken können, schafft sie Vertrauen.

1.2.2 Gerechtheit und Gerechtigkeit

Das Wort „Gerechtheit" findet man nicht im Duden. Wir verwenden es, weil es etwas anderes ausdrücken soll als „Gerechtigkeit". Während sich Gerechtigkeit zwischen zwei oder mehreren Menschen oder in einem ganzen sozialen System abspielt, hat Gerechtheit mit einem selbst zu tun: Man wird sich selbst, einer Situation oder einer Aufgabe gerecht oder nicht. Im Unternehmen bezieht sich die Frage nach Gerechtigkeit auf Belange wie Vertragsbedingungen, Aufgabenverteilung, Entlohnungssysteme und Beförderungen, bei denen die Behandlung der Mitarbeiter mehr oder weniger gerecht sein kann. Die Frage nach Gerechtheit dagegen bezieht sich darauf, ob jemand seiner Rolle und Verantwortung gerecht wird, ob er oder sie einer kritischen Situation oder Anforderung gewachsen ist.

Für die zwischenmenschlichen Beziehungen im Unternehmen und ihre Auswirkungen auf das Vertrauensklima spielen beide Aspekte eine Rolle. Vertrauen der Mitarbeiter setzt voraus, dass die Behandlung aller nach gerechten Maßstäben erfolgt und dass die Führungskräfte in der Anwendung der Maßstäbe in jedem Einzelfall verlässlich sind, frei von subjektiven Präferenzen und Machenschaften. Vertrauen setzt aber auch voraus, dass die Verantwortungsträger bewiesen haben, dass sie ihrer Führungsaufgabe gerecht werden, besonders wenn die Herausforderungen eskalieren und der besondere Einsatz aller organisiert und orchestriert werden muss.

1.2.3 Anstand

Mit den Verantwortungsstrukturen in den Unternehmen sind Machtstrukturen verbunden. Wir haben immer wieder erlebt, dass Verantwortungsträger unter dem Druck ihrer Verantwortung, oft verstärkt durch Unverständnis und Ungeduld ihrer Vorgesetzten, ihre Mitarbeiter barsch behandelten und herrschsüchtig waren. Sie waren auf seltsame Weise stolz, ihre Untergebenen herablassend anweisen und befehligen zu können, bei ihnen Angst vor Versagen als Motivation zu erzeugen, oft in einem zynischen Ton. In nicht wenigen großen Unternehmen gibt es ein tradiertes Hierarchiedenken und -verhalten, das diese Art der Machtausübung zulässt. Damit führt es allerdings dazu, dass die zwischenmenschlichen Beziehungen verkümmern und dass, entgegen den offiziellen Führungs- und Informationsprozessen, die Betroffenen geheime Spielregeln des Schutzes und defensiven Verhaltens entwickeln. In anderen Unternehmen, die durch beschönigende Kommunikation eine Art Deckmantel über die hierarchieorientierte Machtausübung gelegt haben, spielen sich Dünkel und Intoleranz der Führungskräfte in einer kastenähnlichen Trennung der Führungsebenen ab, die nach oben hin immer unnahbarer und autoritärer werden.

In beiden Fällen wird das Gefühl von Anstand verletzt, das auf der Gleichheit der Menschen in unserer Verfassung, im gesellschaftlichen Bewusstsein und in der christlichen Überzeugung beruht. Anstand heißt unserer Überzeugung nach, dass Vorgesetzte ihren Mitarbeitern mit dem gleichen Respekt und den gleichen Umgangsformen begegnen, mit denen sie selbst behandelt werden möchten.

1.3 Wie entwickeln sich Teams?

Teamfähigkeit und Teamgeist bauen auf dem Selbstvertrauen und auf der Qualität der Beziehungen zwischen den Teammitgliedern auf. Es ist geradezu zynisch, in einem Umfeld von Teams zu sprechen, in dem keine Ausgewogenheit von Berufs- und Privatleben herrscht, in dem keine gemeinsame ethische Basis etabliert ist, in dem Führungskräfte sich starke Verhaltensschwankungen erlauben können, in dem die Führungskräfte für die Mitarbeiter kaum zugänglich sind, in dem sich die Mitarbeiter nicht der Gerechtigkeit der Behandlung sicher sind, nicht an die Gerechtheit der Führung glauben und in dem Führungskräfte gegen das Gefühl von Anstand verstoßen können.

Unsere Erfahrung zeigt, dass Teamgeist nur entsteht, wenn die Führungskräfte sichtbar und überzeugend die Ziele und Werte des Teameinsatzes vorleben, wenn sie Enthusiasmus dafür wecken und wenn Synergie die Mitarbeiter stärker motiviert als Einzelleistung.

1.3.1 Ziele und Werte

Jack Welch schildert, dass er als CEO von General Electric gelernt habe, vier Typen von Führungskräften zu unterscheiden, deren Hauptmerkmal jeweils die Ausprägung ihrer Fähigkeit ist, Ziele und Werte zu vermitteln (Welch 2001):

- Der erste Typus seien Führungskräfte, die im Unternehmen für alle sichtbar seien und sich agil darin bewegten, um das Vertrauen der Mitarbeiter zu gewinnen und zu erhalten und um ihnen immer wieder die Ziele und Werte bewusst zu machen, für die das Unternehmen stehen wolle und die sie alle verbinden sollten. Solche Führungskräfte können, so Jack Welch, den engagierten Einsatz ihrer Mitarbeiter für die Mühen des Tagesgeschäfts aus der gemeinsamen Motivation heraus stimulieren und auf diese Weise weit überdurchschnittliche Erfolge erzielen.
- Der zweite Typus seien Führungskräfte, die sich zwar auch redlich darum bemühten, ihre Mitarbeiter zu motivieren, deren Wirkung aber eher mittelmäßig sei, weil ihnen das Charisma fehle und sie mit ihren Mitarbeitern kein starkes Vertrauensverhältnis zu kultivieren verstünden. Durch Vorleben und Schulung könnten diese Führungskräfte aber so entwickelt werden, dass sie ihren Mitarbeitern die Ziele und Werte des Unternehmens immer besser vermitteln und immer befriedigendere Ergebnisse vorweisen könnten.
- Dem dritten Typus von Führungskräften komme es nur darauf an, ihre quantitativen Vorgaben zu erreichen, sie führten ihren Aufgabenbereich und ihre Mitarbeiter entsprechend diesen Vorgaben eher im Sinne von Pflichterfüllung, hielten aber nichts von der motivierenden Wirkung von Unternehmenszielen und Werten. Sie seien, so Welch, nicht als Führungskräfte anzusehen, auf die das Unternehmen bauen könne.
- Der vierte Typus schließlich seien Führungskräfte, die weder ihren Mitarbeitern Ziele und Werte vermittelten noch ihre Vorgaben erreichten. Es sei ratsam, sich

von ihnen zu trennen. Gleichzeitig sei bei der Einstellungs- und Beförderungspolitik sicherzustellen, dass Führungspositionen nur mit Menschen besetzt würden, die aus eigener Überzeugung ziel- und wertorientiert führen könnten.

In der Tat spielen die Fähigkeit und der Einsatz der Führungskräfte eine entscheidende Rolle für die Entwicklung und Wahrung eines Vertrauensklimas, dafür, immer wieder die Identifikation ihrer Mitarbeiter mit dem Unternehmen zu stärken und dadurch die Anforderungen des Tagesgeschäfts auf ein höheres gemeinsames Ziel auszurichten. Damit Kundenorientierung, Termintreue, Qualitätsbewusstsein und Kosteneffizienz nachhaltig sein können, müssen sie diesem höheren gemeinsamen Leitstern von übergeordneten Zielen und Werten verpflichtet sein. Er sollte im Bewusstsein der Führungskräfte und ihrer Mitarbeiter drei Merkmale aufweisen:

- Er sollte ihren Antrieb ansprechen, sich für das Gute einzusetzen, auch wenn dieser Antrieb zunächst oft noch uneingestanden oder verschüttet ist; das Gute kann, je nach Geschäftsfeld des betrachteten Unternehmens, beispielsweise darin bestehen, Kunden (seien es Menschen oder Unternehmen) zu helfen, neue oder größere Spielräume für ihre Entfaltung zu erschließen, ihnen das Leben, ihre Aufgabenerfüllung oder die Bewältigung von Problemen zu erleichtern oder ihre Risiken zu reduzieren;
- er sollte ethische, gesellschaftliche, ästhetische und ökologische Wertvorstellungen beinhalten, die den gemeinsamen Einsatz der Mitarbeiter zu einem Beitrag zu einer größeren Sache machen, die den Einsatz wert ist;
- er sollte eine Zukunftsorientierung vermitteln, etwa in dem Sinn, dass das Unternehmen sich auf künftige Anforderungen und Chancen hin entwickeln, dass es Innovationsführer werden oder bleiben und dass es ein Unternehmen mit einem unantastbaren Vertrauensklima sein will.

Der Leitstern bewegt Menschen unterschiedlicher Mentalität, mit verschiedenen persönlichen Zielen und Interessen, selbst mit unterschiedlichen persönlichen Werten dazu, konstruktiv und motiviert zusammenzuarbeiten.

1.3.2 Enthusiasmus

Die Einsatzbereitschaft und der Teamgeist, die gemeinsamer Enthusiasmus bewirkt, gehören zu den befriedigendsten und erstaunlichsten Erlebnissen der Zusammenarbeit mit anderen Menschen. Gegenseitiges Vertrauen steht in solchen Situationen außer Frage. Denn dieser Enthusiasmus entzündet sich an dem Reiz einer gemeinsamen Aufgabe und dem beflügelnden Vertrauen, dass man gemeinsam diese Aufgabe bewältigen und dadurch in den Genuss eines gemeinsamen

Erfolgserlebnisses kommen wird. Auch wenn die Aufgabe schwierig ist und große Anstrengungen über längere Zeit erfordert, so verhilft der Enthusiasmus dazu, durchzuhalten und mit Ideenreichtum und Einsatz aller Beteiligten Hindernisse zu überwinden und neue Wege zu gehen.

Dieser Zustand des beflügelnden Vertrauens ist jedoch anfällig. Jeden der Beteiligten können außerhalb der Teamarbeit persönliche und familiäre Sorgen beschäftigen. Menschen sind allen möglichen Einflüssen und Stimmungsschwankungen ausgesetzt, die sich auf das Teamverhalten auswirken und dazu führen können, dass der Enthusiasmus sich verflüchtigt. Teambeziehungen zu entwickeln und zu erhalten, gelingt solchen Führungskräften, die ihre eigenen Sorgen und Stimmungsschwankungen nicht auf ihr Teamverhalten abfärben lassen, deren Enthusiasmus und Vertrauen davon nicht beeinträchtigt wird und die ihren Mitarbeitern dadurch helfen, ihren Teamgeist aufrechtzuerhalten. Die gemeinsame Leistung zu erleben und den Fortschritt zu erkennen, setzt bei allen Beteiligten erfahrungsgemäß immer wieder die positive Spirale in Gang, die den Enthusiasmus nährt und die Teamenergie steigert.

So gesehen, besteht die ureigenste Rolle einer Führungskraft darin, Optimismus auszustrahlen und ihre Mitarbeiter trotz Hindernissen und Stimmungsschwankungen zu inspirieren und mitzuziehen. Voraussetzung dafür ist aber, dass die Führungskraft in den Augen der Mitarbeiter ihre Vertrauenswürdigkeit unter Beweis gestellt und eine tragfähige Vertrauensbeziehung zu den Teammitgliedern aufgebaut hat. Zwei Dinge können ihr dabei helfen: frühzeitig erste Erfolge der gemeinsamen Anstrengungen zu erkennen und sichtbar zu machen und frühzeitig diejenigen Mitarbeiter wahrzunehmen und zu Mitstreitern zu machen, die zuerst bereit und in der Lage sind, den Enthusiasmus zu teilen und weiterzuverbreiten.

1.3.3 Synergie

Weil die vertrauensbasierte Arbeitsweise erfolgversprechender ist, gewinnen Netzwerke und Teams gegenüber der hierarchischen, stark arbeitsteiligen Strukturpyramide, die wir in den meisten Unternehmen vorfinden, immer mehr an Bedeutung. In pyramidalen, arbeitsteiligen Organisationen entscheiden Führungskräfte auf der Basis ihrer technischen und betriebswirtschaftlichen Kompetenz und delegieren die Umsetzungsverantwortung kaskadenartig in die Strukturebenen, zwischen deren funktionsspezifischen Organisationseinheiten tayloristische Arbeitsprozesse ablaufen. Durch ein feinmaschiges Kontrollsystem werden die Abläufe kontrolliert und gesteuert. In dieser Art von Organisationsapparat hat die Informationstechnik ihren Siegeszug angetreten und drückt ihm ihren Stempel auf: Alles ist durchrationalisiert und programmiert. Das Vertrauen gilt dem technisch-prozessuralen System und wird nicht selten zum blinden Vertrauen.

In Netzwerkorganisationen, in denen interdisziplinäre Projektteams die entscheidende Rolle spielen, kommt es auf die Fähigkeit der situativen Synergienutzung, die flexible Interaktion von Teams an. Die Führungskräfte müssen hier in erster Linie Kooperation und Vertrauen in und zwischen Projektteams gedeihen lassen. Sie können nicht mehr vorherbestimmen, was ablaufen soll. Stattdessen müssen sie Ziele abstimmen und kommunizieren und Verantwortung für den engagierten Einsatz der Teammitglieder delegieren. Die angestrebte Synergienutzung und ihr erwartetes Ergebnis hängen von der Kreativität der Akteure, ihrem kooperativen Verhalten und der Effektivität ihres Zusammenwirkens ab. Wenn sie weiter in hierarchischen Kategorien denken, passiv sind, Informationen für sich behalten und einander misstrauen, entstehen Kosten und Zeitverluste, die die Netzwerkorganisation schwerfällig und damit ihre Innovationsfähigkeit zunichte machen. In Netzwerkorganisationen muss das Vertrauen in Menschen die Oberhand behalten.

1.4 Wie entsteht Vertrauen des Unternehmens in die Führung?

Selbstvertrauen, zwischenmenschliche Beziehungen und Teamarbeit sind Ebenen der Vertrauensbildung, in denen der direkte menschliche Kontakt entscheidend ist, in denen man durch die persönliche Erfahrung des Verhaltens der Beteiligten Vertrauen gewinnen oder versagen kann. Wenn das Gegenüber der Führungskraft das zu führende Unternehmen als Ganzes ist, wenn das Vertrauen der Menschen im Unternehmen von der Zukunftsperspektive und vom Ansehen des Unternehmens insgesamt abhängt, dann kommen Führungsherausforderungen ins Spiel, die unternehmerische Weitsicht und Einschätzung, Mut, Standfestigkeit und strategisches Geschick erfordern.

Vertrauen in die Unternehmensführung entsteht durch den Beweis und die Erfahrung, dass diese Führung problematische Entwicklungen frühzeitig erkennt und entschlossen auf sie reagiert, dass sie mit Misstrauen umgehen und ihm begegnen kann und dass sie anpassungsfähig ist, wenn das Umfeld sich in unerwarteter Weise verändert.

1.4.1 Problematische Entwicklungen erkennen

Die meisten Unternehmen bewegen sich in Gebieten, die unübersichtlich sind und voller Überraschungen stecken. Niemand kann von den Führungskräften an der Spitze erwarten, dass sie vor unerwarteten Entwicklungen im Markt, im Wettbewerb und in den Rahmenbedingungen des Geschäfts gefeit sind. Wenn sie aber Unsicherheiten nicht erkennen, sie verschweigen oder mit scheinbar allwissenden Aussagen unter den Tisch zu kehren versuchen und das Unternehmen dann durch die tatsächlichen Entwicklungen in Schwierigkeiten gerät, dann beeinflusst das die Vertrauenswürdigkeit von Führungskräften negativ.

Zu einer vertrauenswürdigen Führung gehört in den Augen der Mitarbeiter ihre aktive und vorurteilsfreie Auseinandersetzung mit Fragen wie den folgenden:

- Wie verändern sich die Erfolgsfaktoren und Kompetenzanforderungen unseres Geschäfts?
- Welche Nutzenargumente gewinnen in den Augen unserer Kunden an Bedeutung?
- Welchen neuen Wettbewerbsanforderungen müssen wir mit welchen Wettbewerbsvorteilen gewachsen sein?
- Welche Prioritäten zwischen kurz- und längerfristigen Investitions- und Rentabilitätsanforderungen müssen wir setzen?
- Welche neuen Technologien werden unser Geschäft verändern, und wie sichern wir uns ab, um davon nicht gefährdet zu sein, sondern zu profitieren?
- Wie verändert sich unsere Unternehmenskultur, und wie stark sind unsere wichtigsten Kompetenzträger mit unserem Unternehmen verbunden?

Die Hellhörigkeit der Unternehmensleitung für problematische Entwicklungen in diesen Bereichen und ihre sichtbare Bereitschaft, darauf frühzeitig und bedacht zu reagieren, kompensiert meist weitgehend die eingestandenen Unsicherheiten, denen das Unternehmen ausgesetzt ist. Wenn die Auseinandersetzung mit den Zukunftsfragen des Unternehmens organisiert ist, bewirkt sie sogar ein verstärktes Engagement der Mitarbeiterschaft und ein gemeinsames Verständnis der Risiken und Anforderungen, das vertrauensfördernd ist.

1.4.2 Widerstandskraft zeigen

Die Fähigkeit, auch Rückschläge und Misserfolge, die in Unternehmen unvermeidlich sind, offen zu betrachten und daraus Lehren zu ziehen, selbst wenn sie durch Entscheidungen der Unternehmensleitung verursacht wurden, stärkt die Erfahrungsbasis eines Unternehmens. Die Herausforderung für die Führungskräfte besteht darin, sich angesichts von Pannen, verlorenen Gelegenheiten und Fehlentwicklungen darum zu bemühen, die guten Absichten nicht in Vergessenheit geraten zu lassen, als gutes Beispiel neuen Mut und Elan vorzuleben und ihr Vertrauen Schule machen zu lassen. Dazu gehört oft ein dickes Fell, denn die Neigung zu Misstrauen, Bedenkenträgertum und Distanzierung nimmt in den Unternehmen immer stärker zu, weil das generelle Umfeld von Skepsis und Schuldzuweisungen geprägt ist. Wer sich um ein Vertrauensklima im Unternehmen bemüht, muss Widerstandskraft gegen diese negativen Einflüsse zeigen. Das gilt zumindest und zunächst für die Führungskräfte, um den Kurs des Unternehmens nicht zu verlieren – diesen Kurs auch bei Sturm einzuhalten, liegt im Interesse aller Beteiligten. Voraussetzung dafür ist, dass die Führungskräfte einander vertrauen, auf Geschäftsleitungsebene ebenso wie auf allen anderen Führungsebenen.

1.4.3 Chancenfähigkeit

In einer immer komplexeren und dynamischeren Welt wird die Fähigkeit der Unternehmensleitung, schnell und geistesgegenwärtig Chancen zu erkennen und zu nutzen, immer wichtiger. Diese Fähigkeit hat mit zukunftsgerichteter Urteilsfähigkeit zu tun, die sich stark von Kontrolle und Analyse unterscheidet. Kontrolle und Analyse dienen ja hauptsächlich dazu, Entscheidungen und Planungen vorzubereiten und abzusichern, in der Folge die Übereinstimmung mit den Ergebnissen zu prüfen sowie Abweichungen und deren Ursachen aufzudecken. Die Abweichungen sind zum Zeitpunkt der Kontrolle typischerweise schon geschehen, sei es durch Entscheidungs- oder Planungsfehler oder aber dadurch, dass sich die Gegebenheiten seit der Entscheidung oder Planung verändert haben.

Die Fähigkeit, Chancen frühzeitig zu erkennen und zu ergreifen, erfordert eine veränderte Geisteshaltung. Denn häufig besteht die Herausforderung der Chancennutzung darin, Entscheidungen schnell zu treffen und Handlungen schnell einzuleiten, ohne alle Informationen und Faktoren eingehend analysieren zu können, und auf eine Zukunft abzuzielen, die sich noch wenig vorhersagen lässt, weil vieles in Bewegung ist. In dem Maß, in dem sich das zugrunde gelegte Zukunftsbild konkretisiert und ändert, heißt Chancenfähigkeit, bereit zu sein, das Entschiedene noch zu korrigieren und eingeleitete Handlungen zu modifizieren. Wichtiger als gründliche Analysen sind hierbei die Präsenz und unmittelbare Urteilsfähigkeit, um auf dem Weg ins Ungewisse immer wieder die richtige Kurve nehmen zu können.

Unternehmensführer, die diese Fähigkeit und das dazugehörige Selbstvertrauen, den erforderlichen Mut besitzen, können ihrem Unternehmen auch in einem sehr dynamischen Umfeld Vertrauen in die Zukunft einflößen. Steve Jobs und Bill Gates sind Paradebeispiele für diese Art der Unternehmensführung.

2 Der unsichtbare Vertrag

Verträge können gegen Risiken absichern, aber sie können kein Vertrauen schaffen. Dennoch beruht das Vertrauen der Menschen im Unternehmen auf einer unausgesprochenen Vereinbarung – einem unsichtbaren Vertrag, der viel stärker im Bewusstsein der Menschen wirkt als alles Geschriebene.

Wandel ist für die meisten Unternehmen zwar ein andauernder Prozess, der notwendig ist, um den Veränderungen im Umfeld und in den Geschäftsanforderungen gewachsen oder ihm gar voraus zu sein. Aber trotz aller Aussagen, dass Unternehmen zu diesem ständigen Wandel bereit seien, kennen wir nur wenige Menschen, die Wandel lieben, selbst wenn sie ihn selbst bewirken wollen oder müssen. Über die Herausforderungen und Vorgehensweisen des Change Managements ist sehr viel gesagt und geschrieben worden, ein Blick auf die entsprechende Seite bei Wikipedia genügt. Unsere praktische Erfahrung in einer Reihe von Unternehmen, in denen ein systematisches Vorgehen des Change Managements „durchexerziert" wurde, gibt uns rückblickend zu denken. Der Aufwand für Mitarbeiterveranstaltungen, in denen mit routinierter Regie eine Art Einschwörung der Mitarbeiter auf Wandlungsbereitschaft bewirkt und meist auch unter ihrer kanalisierten Beteiligung eine umfassende Veränderung erarbeitet und beschlossen wurde, war in vielen Unternehmen beträchtlich. In den seltensten Fällen ist es aber gelungen, die Mitarbeiter tatsächlich zu gewinnen, sie machten eher gute Miene zum ihnen wenig vertrauensvoll erscheinenden Spiel, dem der meist groß angelegten Change-Management-Kampagne. In vielen der uns bekannten Unternehmen änderten sich schließlich nur die Prozeduren und Abläufe, die Informationsanforderungen und Formulare – und die Mitarbeiterzahl. Und ehrlicherweise muss man sagen, dass das Change Management meist von vornherein eine „Hidden Agenda" hatte: Kostensenkung durch Rationalisierung und Personalabbau.

Dass die Mitarbeiter sich in ihren Verhaltensweisen und ihrer Motivation kaum oder gar nicht veränderten, führen wir aus unserer heutigen Kenntnis darauf zurück, dass ihr Vertrauen in die Change-Management-Kampagne gar nicht entstehen konnte – aus verständlichen Gründen, die die Unternehmensleitung aber nicht sah: Durch unzureichende Maßnahmen und Entscheidungen, durch uneingestandene Fehlentwicklungen oder durch Fehlverhalten und Rangeleien der Führung war das Vertrauensiveau häufig bereits vorher so erodiert, dass die Mitarbeiter sich innerlich distanziert hatten.

Was das Misstrauen im Unternehmen hervorrief, saß meist tiefer als die Skepsis gegenüber den Absichten der Unternehmensführer, gegenüber den Beweggründen und Folgen der beabsichtigten Veränderungen. Auch die oft zitierte Angst, dass im Zuge der Veränderungen die bisher erworbenen Positionen und Rechte verloren gehen könnten, erklärt das allgemeine Misstrauen nur oberflächlich. Heute können wir unsere vielfach gemachte Erfahrung so interpretieren: Die tiefer gehende Besorgnis und Distanzierung der Mitarbeiter, oft auch der Führungskräfte unterhalb der Unternehmensleitungsebene und nicht selten bis in die Unternehmensleitung hinein, beruhte darauf, dass in ihren Augen der unsichtbare Vertrag mit dem Unternehmen stillschweigend seine Gültigkeit verlor, ohne dass eine neue Vertrauensbasis in Sicht war, die sie hätten akzeptieren können.

Wandel, der von der gesamten Organisation getragen wird, erfordert das Verständnis, dass nicht die Menschen „gewandelt" (einer „Gehirnwäsche" unterzogen) und neu funktionalisiert werden sollen, sondern dass sich der unsichtbare Vertrag zwischen ihnen und dem Unternehmen in einer Weise weiterentwickeln muss, die die Vertrauensbasis erhält. Dazu ist es nach unserer Erfahrung wesentlich, den bestehenden unsichtbaren Vertrag erst einmal sichtbar und bewusst zu machen, um aufzudecken, in welchen Punkten er nicht mehr eingehalten wird oder werden kann, und um den sich wandelnden Gegebenheiten gerecht zu werden, ohne die Entfaltungsbedürfnisse, das Selbstbewusstsein und den Teamgeist der Menschen im Unternehmen zu unterminieren. Es muss deutlich werden, inwiefern die Interessen der Unternehmensleitung, der Unternehmenseigner und der Menschen im Unternehmen gleichermaßen zu bedenken und zu befriedigen sind – und zwar perspektivisch im Sinne der Zukunftssicherung für beide Seiten. Die Verantwortung der Unternehmensleitung so zu verstehen, stellt keine antikapitalistische Sicht dar, sondern ein erweitertes marktwirtschaftliches Verständnis, dem zufolge sowohl die Anteilseigner als auch die Mitarbeiter dem Unternehmen unterschiedliche Formen von Kapital anvertrauen, für dessen Erhalt und Rendite die Unternehmensleitung sich gleichermaßen verpflichtet fühlen muss.

Das bisherige unsichtbare Vertragsverhältnis ist eine meist stillschweigende Vereinbarung darüber, welche Erwartungen „das Unternehmen" an seine Mitarbeiter hat, welche Erwartungen die Mitarbeiter an das Unternehmen haben und wie diese Erwartungen erfüllt und gegenseitig aufgewogen werden. Finanzielle Gesichtspunkte spielen hierbei gar nicht die primäre Rolle. Wir haben vielmehr oft erfahren, dass es bereits ein Symptom von Vertrauensschwund, von Schwächen bei der Erfüllung des unsichtbaren Vertrags ist, wenn materielle Unzufriedenheit zum dominanten Thema der Beziehung zwischen „dem Unternehmen" und seinen Mitarbeitern wird.

Gegenstand des unsichtbaren Vertrages sind die Beziehungen zwischen den Menschen im Unternehmen und ihre gemeinsamen Bedürfnisse nach einem Sinn ihres Tuns und nach Selbstwürdigung. Der Vertragscharakter bildet sich durch das unterschwellige „Aushandeln" des Leistungseinsatzes der Mitarbeiter für die Gegenleistung des Unternehmens, nämlich die Erfüllung ihrer gemeinsamen Bedürfnisse, heraus. Im Bewusstsein der Mitarbeiter wird die dauerhafte Erfüllung des Vertrags von denjenigen Führungskräften gewährleistet, die tagtäglich durch ihr Verhalten und ihre Entscheidungen erkennen lassen, dass der unsichtbare Vertrag weiterhin Bestand hat. Er betrifft, wie eine Reihe von Untersuchungen erwiesen hat, immer wieder dieselben Bedürfnisschwerpunkte der Menschen:

- ihr Bedürfnis nach Prestige,
- ihr Bedürfnis nach Handlungsspielraum,

- ihr Bedürfnis nach Flexibilität,
- ihr Bedürfnis nach Zugehörigkeit,
- ihr Bedürfnis nach einer höheren Sache,
- ihr Bedürfnis nach Sicherheit und
- ihr Bedürfnis nach materieller Würdigung.

Wie diese Bedürfnisse im Unternehmen ausgeprägt sind und befriedigt werden, ist die eingespielte Besonderheit eines jeden Unternehmens und bestimmt weitgehend den „Deal", den die Mitarbeiter eingegangen sind. Sie vertrauen darauf, dass dieser „Deal" auch vonseiten des Unternehmens eingehalten wird. Wenn man viele Unternehmen auf ihr Vertrauensklima hin untersucht hat, so wird offensichtlich, wie sehr es zu ihrer jeweiligen unternehmensspezifischen Besonderheit gehört, welche Aspekte des unsichtbaren Vertrags fest verankert sind und im Bewusstsein der Mitarbeiter die Basis ihres Verhältnisses zum Unternehmen bilden.

2.1 Vertragstitel „Prestige"

Dass Prestige ein wesentlicher Bestandteil des unsichtbaren Vertrags eines Unternehmens mit seinen Mitarbeitern sein kann und dass sich damit ein wichtiges Element der gegenseitigen Vertrauensbasis schaffen lässt, wird oft erst deutlich, wenn das Prestige durch Fehlentwicklungen, die sich über längere Zeit hinziehen, zerfällt. Prestige kann durch das technische Niveau eines Unternehmens begründet sein, durch seine soziale Bedeutung, durch das Renommee des Unternehmers und durch seine Dominanz in der Branche, in der es tätig ist.

2.1.1 Technisches Prestige

In Unternehmen mit einer technikbasierten Geschichte stellt das Bewusstsein der Mitarbeiter, an der technischen Leistung ihres Unternehmens mitzuwirken – in welcher Form auch immer –, oft ein so starkes Zugehörigkeitsgefühl her, dass es ihr Verhalten und ihr Lebensgefühl prägt. Interne Mühen, Banalitäten und Imperfektionen werden verkraftet und können die Verbundenheit der Mitarbeiter mit dem Unternehmen nicht ernsthaft beeinträchtigen, solange sie nach außen vertreten können, dass ihr Unternehmen erstaunliche technische Leistungen hervorbringt. Dieses technologiebasierte Prestige war immer ein starker Aspekt des unsichtbaren Vertrags in Unternehmen wie Siemens, bei den deutschen Automobilherstellern und bei vielen mittelständischen Unternehmen im Maschinen- und Gerätebau. Gefährdet wird das unsichtbare Vertragsverhältnis im Punkt Prestige erst, wenn ein Unternehmen dieser Art den technischen Anschluss verpasst, dadurch sein Image ramponiert und dem Stolz seiner Mitarbeiter den Boden entzieht.

Aber es kann auch gerade der Stolz der Führungskräfte und Mitarbeiter eines Unternehmens sein, der zur Eitelkeit verführt und den hellhörigen Pioniergeist für neue technologische Entwicklungsmöglichkeiten verkümmern lässt. Dass deutsche Unternehmen in der Telekommunikationsindustrie international keine führende Rolle mehr spielen, lässt sich auf ihre lange anhaltende Selbstgefälligkeit bis hin zum dann meist abrupten Vertrauensverlust zurückführen. Die deutschen Automobilhersteller waren in den 1980er-Jahren auf dem Weg, ihr technologisches Prestige nach innen und außen zu verspielen, schafften es dann aber, der Herausforderungen der Autoelektronik, der Fertigungskybernetik und der technischen Systemzuverlässigkeit wieder Herr zu werden. Nicht als Pioniere der Entwicklung von Elektroautos dazustehen, kratzt aber heute schon wieder gefährlich an ihrem technologiebasierten Prestige und dadurch an einem wichtigen Punkt ihres unsichtbaren Vertrags mit den Mitarbeitern.

2.1.2 Soziales Prestige

In anderen Unternehmen, in denen technische Leistung keine primäre Rolle spielt, kann das Bewusstsein, zum Wohl der Gesellschaft oder zur Bedürfnisbefriedigung eines breiten Bevölkerungsteils beizutragen, Prestige in den Augen der eigenen Mitarbeiter und der Öffentlichkeit rechtfertigen. Unternehmen wie Ikea, dm Drogeriemarkt und viele Dienstleistungsunternehmen bieten ihren Mitarbeitern mehr oder weniger bewusst dieses soziale Prestige, das zum Bestandteil des unsichtbaren Vertrags wird. Es müsste auch eine entscheidende Rolle in sozialen Einrichtungen und in Krankenhäusern spielen – denen aber gelingt es oft nicht, ihren Mitarbeitern und den Menschen, für die sie tätig sind, dieses Prestigebewusstsein zu vermitteln, da Überlastung und formalistische Routinen den Mitarbeitern einen ganz anderen unsichtbaren Vertrag aufzwingen: sich so zu verhalten, dass sie der Ausnutzung durch die Verwaltung durch defensives Verhalten Grenzen ziehen.

2.1.3 Renommee des Unternehmers

Es gibt Unternehmen, in denen der unsichtbare Vertragspunkt „Prestige" die Teilhabe am Renommee des Unternehmers ist, der die Geschäfte leitet und dessen in der öffentlichen Meinung gewürdigte Leistung seine Kreativität, sein Unternehmertum und -talent und/oder sein Einsatz für soziale oder kulturelle Belange im Unternehmensumfeld ist. Oft verbindet eine persönliche Sympathie und Bewunderung die Führungskräfte und Mitarbeiter des Unternehmens mit ihm. Beispiele hierfür finden sich vor allem in vielen Familienunternehmen in kleineren Ortschaften, für die das jeweilige Unternehmen einen wichtigen Wirtschaftsfaktor bildet und in deren lokalem Gesellschaftsleben die Unternehmerpersönlichkeit sichtbar verwurzelt ist.

Für einen großen Unternehmer der Branche tätig zu sein, vermittelt den Mitarbeitern ein Selbstwertgefühl, dem zuliebe sie hohe Einsatzbereitschaft aufzubringen bereit sind und mit dem sie nach außen überzeugend auftreten können, besonders wenn die Zugehörigkeit zu dem Unternehmen nur mit großem Aufwand zu erlangen war. Wie stark der Vertragspunkt Prestige auf dieser Basis wirkt, zeigt sich besonders deutlich in der Unternehmensberatung und im Investmentbanking – Branchen, in denen führende Unternehmen wie die Boston Consulting Group oder Goldman Sachs durch ihr anspruchsvolles Auswahlverfahren und das Prestige, dazuzugehören, ihre Mitarbeiter zu hoher Loyalität bewegen, obwohl sie einen großen Teil ihres Privatlebens für die Arbeit opfern müssen.

Nicht allen Unternehmen gelingt es, Prestige zu einem Faktor ihres Vertrauensklimas zu machen. Das unsichtbare Vertragsverhältnis, das auf Prestige beruht, kann brüchig werden, wenn die Wettbewerber technologische Innovationen entschiedener vorantreiben und das eigene Unternehmen an die Wand gespielt wird, wenn fragwürdige Beschaffungspraktiken des eigenen Unternehmens in Entwicklungsländern oder bedenkliche ökologische Aspekte der eigenen Produkte und ihrer Herstellung aufgedeckt werden, wenn die renommierte Unternehmerpersönlichkeit ausscheidet und ihr „knallharte" Managertypen nachfolgen oder wenn das Unternehmen in den Rankings der Branche absinkt. Der Prestigeverlust wird meist zunächst nicht zugegeben und nicht als Ursache des Vertrauensschwunds erkannt – was erstaunlicherweise oft dadurch bedingt ist, dass die Menschen das Bild ihres Unternehmens nicht angetastet sehen wollen, schon gar nicht von Externen.

2.2 Vertragstitel „Handlungsspielraum"

Übel für ein Unternehmen wäre es, wenn sich die Menschen darin strikt nach den schriftlich festgelegten Regeln, Aufgaben, Strukturen und Prozessen verhielten, wenn sie „Dienst nach Vorschrift" ausübten, ähnlich wie es zu einem Verkehrschaos käme, wenn alle Autofahrer die offiziellen Geschwindigkeitsbegrenzungen einhielten. In den meisten Unternehmen hat sich eine bestimmte Verhaltenspraxis eingespielt, eine Art und Weise des Umgangs mit den offiziellen Strukturen und Prozessen, die durch den unsichtbaren Vertrag gedeckt wird und den tatsächlichen Handlungsspielraum der Führungskräfte und Mitarbeiter absteckt. Diese Verhaltenspraxis äußert sich im Entscheidungsspielraum, den sich die Führungskräfte und Mitarbeiter nehmen, im Zuständigkeitsgefühl, das sie beweisen, und in der Art und Weise, wie sie sich für zunehmende Führungsverantwortung zu qualifizieren meinen.

2.2.1 Entscheidungsbefugnisse

Die Menschen im Unternehmen wissen, gleichgültig auf welcher Ebene sie sich befinden, welche Entscheidungen sie nach eigenem Ermessen fällen können, wie weit man darauf vertraut, dass sie innerhalb ihres Entscheidungsspielraums auch in unvorhersehbaren Situationen das Beste für das Unternehmen tun werden. Ob ihre Entscheidungsvollmacht größer oder kleiner ist, hängt davon ab, wie stark das Vertrauensklima im Unternehmen ausgeprägt ist. Ist die Ausprägung gering und engen die Vorschriften und Kontrollen den Entscheidungsspielraum der Mitarbeiter stark ein, so bildet sich ein unsichtbarer Vertrag heraus, nach dem die Mitarbeiter Risiken von Abweichungen und Initiativen vermeiden und stattdessen die Auszeichnung in der Sorgfalt und Unbeirrbarkeit der Ausführung suchen. Diese Kultur ist typischerweise bei Banken und Versicherungsgesellschaften zu finden. Ist das Vertrauensklima dagegen stärker ausgeprägt und lässt den Führungskräften und Mitarbeitern größeren Entscheidungsspielraum, so kann der unsichtbare Vertrag ihnen nahelegen, sich unternehmerischer zu verhalten, aktiver neue Geschäftschancen zu ergreifen und in der Abwicklung bewusster nach Möglichkeiten der Effizienzsteigerung zu suchen. Diese Kultur findet man typischerweise bei Investmentbanken und Beratungsunternehmen.

2.2.2 Zuständigkeitsgefühl

Eine andere Dimension des Handlungsspielraums ist durch die Bedeutung bestimmt, die der Zuständigkeit und Verantwortung des einzelnen Mitarbeiters für ein Aufgabengebiet beigemessen wird, sei es eine Fachkompetenz oder eine Organisationseinheit. Der unsichtbare Vertrag kann bewirken, dass die Mitarbeiter eher danach streben, schnell Bereichsverantwortung zu übernehmen, oder dass es ihnen die höhere Wertschätzung einbringt, eine Fachkompetenz zu vertiefen und sich bei der Aufgabenerfüllung nachhaltig zu bewähren. Je nach Ausprägung des unsichtbaren Vertrags in diesem Punkt bildet sich im Unternehmen eine Mitarbeiterstruktur heraus, deren spezifisches Mentalitätsprofil dem Vertrauensklima entspricht, das durch den unsichtbaren Vertrag bedingt wird.

Die Bildung dieses spezifischen Mentalitätsprofils wird dadurch gefördert, dass bestimmte Verdienste eine stärkere Anerkennung im Unternehmen finden als andere. Mitarbeiter, die die passende Mentalität besitzen, bleiben im Unternehmen und kommen voran, andere mit einer weniger passenden Mentalität kommen entweder gar nicht erst ins Unternehmen hinein, oder sie tun sich schwer und scheiden nach einiger Zeit wieder aus.

2.2.3 Führungsverantwortung

Der unsichtbare Vertrag beinhaltet die Bedingungen, unter denen Mitarbeiter in der hierarchischen Struktur des Unternehmens aufsteigen und zunehmende Führungsverantwortung übertragen bekommen. In stark strukturierten und tradierten Unternehmen beinhaltet er meist die Anforderung an die Mitarbeiter, zuverlässig und beharrlich die Aufgaben auf ihrer gegebenen Karrierestufe auszuführen, sich keine Fehler und Zeichen von Ungeduld zu leisten und sich umsichtig für die nächste Beförderung zu positionieren. Das Vertrauen der Mitarbeiter in das Unternehmen äußert sich darin, dass sie auf eine langfristige Zugehörigkeit bauen, in deren Verlauf sie langsam, aber sicher größere Verantwortung übertragen bekommen und ihrerseits gegen Drängen von unten geschützt sind. Große Organisationen wie die Deutsche Bahn, die Deutsche Post und die öffentliche Verwaltung weisen eine derartige „Atmosphäre" auf, ohne dass sie explizit so definiert oder gewollt ist.

Ganz anders ist es in dynamischen, meist jungen Unternehmen, in denen der unsichtbare Vertrag ein Verhalten favorisiert, das auf schnelle Erfolge, unmittelbare Anerkennung und zügige Zunahme von Verantwortung ausgerichtet ist. Diesen Vertrag gehen typischerweise Menschen ein, denen der Anstellungsvertrag und die offiziellen Organisationsregeln erheblich weniger bedeuten als die Chance, mit großem Einsatz ihren Handlungsspielraum auszuweiten und schnell voranzukommen.

2.3 Vertragstitel „Flexibilität"

Genauso wenig, wie die Menschen im Unternehmen angeordneten oder unvermeidlich gewordenen Wandel lieben, der das Bestehende grundsätzlich infrage stellt und eine radikale Umwälzung bewirkt, wollen sie Unbeweglichkeit und Stagnation.

Der Wandel, der mit Change Management bewirkt werden soll, geht in den meisten Fällen darauf zurück, dass die kontinuierliche Weiterentwicklung des Unternehmens, seiner Produkte und Leistungen sowie die Weiterqualifikation seiner Mitarbeiter über längere Zeit vernachlässigt wurden und nun der in vielen Fällen krisenhafte Punkt erreicht ist, an dem die Versäumnisse der Unternehmensleitung mit einer radikalen Aktion ausgebügelt werden müssen. Plötzlich soll die ganze Organisation durch einen Kraftakt den Mangel an Flexibilität kompensieren, den die Unternehmensleitung selbst oft über Jahre bewiesen hat – nicht selten, indem sie Hinweise auf Markt-, Wettbewerbs- und Technologieentwicklungen zu lange nicht ernst genug nahm. So ist es kein Wunder, dass die Wandlungsfähigkeit und -bereitschaft der Menschen dabei stark strapaziert wird und dass ihr Vertrauen in die Führung, das meist ohnehin nicht mehr intakt war, weiter schwindet. Nicht umsonst machen Unternehmen bei der Einführung von Enterprise-Resource-Planning-Systemen immer wieder die verblüffende Erfahrung, dass die Prozesse und Daten der Materialwirtschaft, des Finanz- und Rechnungswesens, des Personalwesens und anderer Bereiche, die durch Anwendungssoftware unterstützt werden sollen, sehr veraltet sind, sodass erst einmal ein Großreinemachen der gesamten Organisation erforderlich wird. Der Schock und der Aufwand sind oft groß, die Hürden in Organisation und Verwaltung hoch.

Der weitaus größte Teil der Mitarbeiter, die wir in Unternehmen kennengelernt haben, ist jedoch durchaus daran interessiert, dass ihr Unternehmen sich weiterentwickelt, dass sie ihre Kreativität und Lernfähigkeit entfalten können und dass ihr Bedürfnis nach neuen Chancen und nach Selbstbehauptung befriedigt wird. Je klarer sie sich darin von ihrem Unternehmen bestärkt fühlen, umso ausgeprägter ist ihr Vertrauen, dass das Unternehmen ihren Beitrag anerkennt, dass sie in ihm und mit ihm zusammen eine Zukunft haben. Leider werden nur wenige Unternehmen so geführt, dass die Bereitschaft ihrer Mitarbeiter zu kontinuierlicher Flexibilität aktiv genutzt und in einem ständigen Entwicklungs- und Innovationsprozess kanalisiert wird. Wenn der unsichtbare Vertrag, den die Menschen mit ihrem Unternehmen empfinden, sie aber autorisiert und das Unternehmen für ihren fortlaufenden Beitrag eine förderliche Umgebung geschaffen hat, so entfalten die meisten von ihnen eine beträchtliche Aktivität des Mitdenkens und eine hohe Flexibilität des Mitgehens. So ist es möglich, anstelle eines großen Veränderungssprungs, der alle überfordert, kontinuierliche, verkraftbare Veränderungsschritte zu machen.

2.3.1 Kreativität

Eine wesentliche Triebkraft von Flexibilität ist die Kreativität der Mitarbeiter auf allen Ebenen und in allen Bereichen eines Unternehmens. Die Frage ist nur, ob die Ideen und Erfahrungen der Mitarbeiter ungehört in ihren Köpfen bleiben, was zu einer Distanzierung von dem tatsächlichen Geschehen im Unternehmen führt, oder ob das Unternehmen die Kreativität aktiv herausfordert, wirkungsvoll kanalisiert und zu seiner Entwicklung nutzt.

Im ersten Fall besagt der unsichtbare Vertrag zwischen dem Unternehmen und seinen Mitarbeitern, dass diese im Tagesgeschäft ihre Aufgaben erledigen sollen und dass sie nicht gefragt sind, wenn es darum geht, das Unternehmen und seine Produkte und Leistungen auf sich verändernde Anforderungen auszurichten. Immer öfter müssen sie durch verstärkte Anstrengungen im Vertrieb und in der Leistungserbringung die entstehende Diskrepanz zwischen dem Angebot ihres Unternehmens und den Anforderungen der Kunden ausgleichen und die zunehmende Frustration „herunterschlucken". Dafür erwarten sie in den meisten Fällen, dass ihr „Dienst nach Vorschrift" ihnen ab Feierabend möglichst pünktlich die Freiheit lässt, in anderen Zusammenhängen ihre Kreativität auszuleben, sei es bei einem Hobby, in einem Verein oder im Sport. Ihr Vertrauen in das Unternehmen und seine Leitung schwindet in dem Maß, in dem die Diskrepanz zunimmt. In ihren Augen hat „der Typ an der Unternehmensspitze" zwar (auf welche Weise auch immer) die Macht bekommen, über die Geschicke des Unternehmens zu entscheiden, spielt sich aber als unnahbar auf, als sei er seiner Sache ohne die Mithilfe und ohne die Sympathie der Menschen im Unternehmen sicher.

Im zweiten Fall ermutigt der unsichtbare Vertrag die Mitarbeiter, Ideen zu entwickeln und im Kontakt mit Kunden, Gesprächspartnern aller Art und durch eigene Beobachtung zu sammeln, um sie in einen Wettbewerb mit den Ideen der anderen Mitarbeiter einzubringen, oft auch zusammen mit anderen, im Vertrauen darauf, dass das Unternehmen daraus „etwas macht" und sie den Erfolg zu spüren bekommen. Um dieses Vertrauen aufrechtzuerhalten, muss klar sein, welche Kriterien die Ideen erfüllen müssen, wie der Auswahlprozess läuft und wer dafür zuständig ist. Die Unternehmensleitung muss an der Spitze des gemeinsamen Innovationsprozesses stehen, und die Innovatoren müssen sichtbar anerkannt werden, wenn ihre Initiative umgesetzt wird, sei es in Form interner Veränderungen, in Form neuer oder verbesserter Produkte und Dienstleistungen oder in Form neuer Arten der Geschäftsausübung.

2.3.2 Anpassungsfähigkeit

Wer Ideen hat und Verbesserungen vorschlägt, ist, wenn er zum Zuge kommt, meistens auch bereit, das Abenteuer der Verwirklichung einzugehen. In innovativen Unternehmen besagt der unsichtbare Vertrag, dass das Engagement der Ideenbringer eine der Hauptbedingungen für die Umsetzung ist.

Kreativität und Innovationen sind im Geschäftsleben nicht etwa nur technische Neuerungen, die oft fälschlicherweise als „technologische Innovation" bezeichnet werden und in Wirklichkeit nur ein Auslöser der eigentlichen Innovation sein können, nämlich der Umsetzung im Markt mit all ihren Anforderungen an die Herstellungsprozesse, an die Logistik, an Marketing und Vertrieb, in vielen Fällen auch an die Organisation. Anpassungsfähigkeit heißt, dass das Unternehmen und seine Mitarbeiter bereit sind, diese Anforderungen zu erfüllen.

Wenn Unternehmen und die Gesellschaft sich über einen Mangel an Innovationen beklagen, so liegt dies in den wenigsten Fällen daran, dass es an technischen Fähigkeiten und Ideen mangelt. Vielmehr hapert es an der organisatorischen, strukturellen und mentalen Anpassung. Trotz allen Geredes von der Innovationssuche betreiben viele Unternehmen zwar Aufwand für Forschung und Entwicklung, erschweren den Weg von der technischen Möglichkeit bis zur geschäftlichen Umsetzung aber mit Bedenken, Zuständigkeitszwist und dem Beharrungsvermögen bestehender Geschäftspraktiken und machen ihn oft sogar unmöglich. Der unsichtbare Vertrag besagt hier: „Wasch mich, aber mach mich nicht nass!" Wir haben diesen Dschungel von widersprüchlichen Interessen, der der Anpassungsfähigkeit an innovative Entwicklungen entgegensteht, über lange Jahre in vielen Unternehmen miterlebt. So ließ der Widerstand gegen die Verdrängung des Telex und der elektromechanischen Vermittlungstechnik in der Telefonie die Siemens AG von einem der Weltmarktführer zu einem Unternehmen unter „ferner liefen" in der Telekommunikation werden und schließlich das Telekommunikationsgeschäft ganz aufgeben. So kostete die Geringschätzung der dezentralen und verteilten Datensysteme die meisten Mainframe-Hersteller das Leben und ließ selbst IBM in eine Existenzkrise schliddern, aus der man nur durch eine radikale Häutung wieder herauskam. So bescherte das Beharren auf eigenen Sonderentwicklungen von Spezialgeräten und Software im Fotosatz der Berthold AG ein klägliches Ende. Die Energieversorgungsunternehmen sehen sich heute gegenüber erneuerbaren Energien und dezentraler Strom- und Wärmeerzeugung vor einer ähnlichen Richtungsentscheidung wie die Automobilhersteller angesichts neuer Mobilitätslösungen auf der Basis des Elektroautos.

Unternehmen, die hohe Anpassungsfähigkeit bewiesen haben, vorwiegend in der mittelständischen Industrie, haben als unsichtbaren Vertrag die Bereitschaft aller etabliert, „Augen und Ohren ständig offen zu halten" für neue Chancen und Anforderungen, auf die schnell, kreativ und konsequent reagiert werden muss. Für sie ist Flexibilität ein entscheidender Wettbewerbsvorteil, sie machen immer wieder die Erfahrung und vertrauen darauf, wie wirkungsvoll es ist, schnell zu reagieren und flexibel auf veränderte Kundenbedürfnisse einzugehen. Gerade in Konjunkturtälern beweisen sie, dass die gemeinsame Anpassungsfähigkeit der Unternehmensleitung und der Mitarbeiter das Vertrauensklima im Unternehmen und das Durchhaltevermögen stärkt.

2.3.3 Zukunftsorientierung

Das gemeinsame Bewusstsein, dass es darum geht, das Unternehmen für eine noch ungewisse Zukunft fit zu halten, kann zwischen der Unternehmensleitung und der Mitarbeiterschaft eine Beziehung der Solidarität begründen. Dafür muss allerdings der unsichtbare Vertrag der Mitarbeiterschaft das Vertrauen vermitteln, dass die Unternehmensleitung sich kompetent und unvoreingenommen um die Zukunftsausrichtung des Unternehmens kümmert. Nur wenn diese Voraussetzung erfüllt ist, kann sie erwarten, dass sich die Mitarbeiter auch in schwierigen Entwicklungsphasen mit Engagement für das Unternehmen einsetzen, bis hin zum Verzicht auf in guten Zeiten erworbene Vorteile der Arbeitszeitverkürzung und des Weihnachts- und Urlaubsgelds.

In vielen Unternehmen wurde dieser Aspekt des unsichtbaren Vertrags dadurch verletzt, dass die Unternehmensleitung sich schwere Versäumnisse bei Zukunftsinvestitionen und in der Produktpolitik hatte zuschulden kommen lassen, die dann zu Turnaround-Maßnahmen und radikalen Rationalisierungen zwangen und mit

Entlassungswellen bezahlt werden mussten. Die Abhängigkeit des Arbeitsplatzes von der Fähigkeit und Bereitschaft der Unternehmensleitung, das Unternehmen kontinuierlich auf zukünftige Anforderungen und Chancen auszurichten, erzeugt verständlicherweise Misstrauen der Mitarbeiter, wenn die Zukunftsorientierung nicht deutlich und spürbar ist.

Die Zahl der Unternehmen, die zu spät begreifen, dass die Innovationsbewegung in ihrer Branche unaufhaltsam ist, und die sich oft sogar dagegenstemmen, ist beachtlich. Diese Verhaltensweise entsteht in den uns bekannten Fällen dadurch, dass die Unternehmensleitung neue Entwicklungen, die von den etablierten Entwicklungslinien abweichen, als nicht bedrohlich abtut, als weit entfernt davon, das Niveau der etablierten und ausgereiften Technologien und Geschäftspraktiken des Unternehmens zu erreichen. Ihre Zukunftsorientierung wird bestimmt durch die Sorge, das Bestehende zu optimieren und zu erhalten. Der unsichtbare Vertrag in diesen Unternehmen ist auf seltsame Weise innovationsfeindlich, denn Innovationsbemühungen sind bei ihnen durchaus vorzeigbar, aber vollkommen darauf ausgerichtet, die bestehenden Produktlösungen und Leistungen immer weiter zu perfektionieren, um ihren Vorteil gegenüber anderen Lösungsansätzen zu beweisen, die sich anbahnen. Der Grundcharakter des unsichtbaren Vertrags in diesen Unternehmen wird im Laufe der Zeit immer defensiver und kurzsichtiger.

Die Mitarbeiter dieser Unternehmen sind häufig ausreichend indoktriniert, um mit dieser inflexiblen Zukunftsorientierung leben zu können. Wenn sich aber die Anzeichen mehren, dass sich andere Innovationsrichtungen durchsetzen werden, stellen sie den unsichtbaren Vertrag zunehmend infrage. Nur die Bereitschaft der Unternehmensleitung, uneingeschränkt und mit längerfristiger Zukunftsorientierung den richtigen Weg für das Unternehmen zu suchen, kann dann das Vertrauen im Unternehmen – und meist auch das der Kunden, Investoren und der öffentlichen Meinung – bewahren oder wiederherstellen.

2.4 Vertragstitel „Zugehörigkeit"

Je stärker die gesellschaftliche Fragmentierung, je pluralistischer der Wertekonsens und je ausgeprägter das Gefühl der Menschen, in einem immer unsichereren Umfeld für sich selbst sorgen zu müssen, desto größer wird, so unsere Beobachtung, das Bedürfnis nach Zugehörigkeit. Im Privatleben wird dieses Bedürfnis häufig nicht mehr befriedigt. Familienbande sind für viele Menschen volatiler geworden (siehe Scheidungsraten, Single-Haushalte), die Verbundenheit mit Glaubensgemeinschaften hat offensichtlich für immer weniger Menschen eine Bedeutung (siehe Kirchenaustritte und Abnahme der Zahl der Kirchenbesuche), die Stabilität politischer Identifikation nimmt ab (siehe sinkende Zahl der Partei- und Gewerkschaftsmitgliedschaften) und die Mitgliedschaft in Vereinen aller Art ist besonders für Jüngere immer unattraktiver geworden (immer weniger Vereinsmitgliedschaften). In diesem Umfeld von Fragmentierung und Unbeständigkeit können Unternehmen zum sozialen Ort werden, an dem das unverändert bestehende Bedürfnis nach nachhaltiger Zugehörigkeit befriedigt wird, zur sozialen Institution, die durch den unsichtbaren Vertragstitel der Zugehörigkeit zum Kristallisationspunkt neuen Vertrauens wird, vielleicht dem einzigen in unserer Gesellschaft.

Diese Chance beruht darauf, dass die materiellen Bedürfnisse der Menschen und der Gesellschaft ja nur durch die organisierte Leistungsfähigkeit von Unternehmen gedeckt werden können und dass die Leistungsfähigkeit der Unternehmen und das materielle Wohl der einzelnen Menschen davon abhängen, dass beide zusammenwirken. Dass dieses Zusammenwirken umso produktiver und wertschöpfender ist, je verlässlicher die Vertrauensbasis in den Unternehmen ist, dürfte unstrittig sein. Es fragt sich jedoch, wie das Gefühl der Zugehörigkeit in den Unternehmen zustande kommt und durch den unsichtbaren Vertrag zwischen Unternehmen und Mitarbeitern untermauert werden kann, auch wenn es im Umfeld so offensichtlich „vor die Hunde geht". Unsere Erfahrung hat gezeigt, dass drei (notwendige, wenn auch nicht hinreichende) Bedingungen Vertragsinhalt sein müssen: die Förderung des persönlichen Wertbewusstseins der Menschen durch Würdigung ihres Einsatzes, die Förderung von kameradschaftlichem Verhalten und Gemeinschaftsgeist und die Bewusstseinsbildung über die Bedeutung des gemeinsamen Vorhabens.

2.4.1 Persönliches Wertbewusstsein durch Einsatz

Selbstwert entsteht, wie jeder von uns aus eigener Erfahrung weiß, durch das Bewusstsein, etwas Sinnvolles zu tun. Je sinnvoller und wichtiger das Tun und sein Ergebnis sind, desto größer ist die Bereitschaft, sich einzusetzen, ohne nachzurechnen, ob man „auf Heller und Pfennig" dafür bezahlt werden wird. Das Gefühl, dass das Geleistete sinnvoll und wichtig ist, kann der Einzelne allerdings nicht aus sich selbst heraus aufrechterhalten, wenn er nicht auf Resonanz anderer stößt, die ihm dies bestätigen. Unternehmen sind daher nicht nur als Arbeitgeber zu verstehen, die gemäß Arbeitsvertrag bezahlte Beschäftigung bieten, um daraus im Endeffekt verkäufliche Produkte und Dienstleistungen zu machen – sie sind per unsichtbarem Vertrag Sinngeber. Weil der Beitrag der einzelnen Mitarbeiter zu den Produkten und Dienstleistungen des Unternehmens unentbehrlich ist, trägt er wesentlich zu deren persönlichem Wertbewusstsein, zu ihrem Selbstwert bei. Darin besteht, genau besehen, der unsichtbare „Deal" zwischen Unternehmen und Mitarbeitern, der ihren engagierten Einsatz für das Unternehmen bewirkt, im Vertrauen darauf, dass hoher Einsatz hohen Wert für das Unternehmen bedeutet und dadurch das eigene Wertbewusstsein der Mitarbeiter untermauert.

Wenn dieser Punkt des unsichtbaren Vertrags zweifelhaft ist oder wird, schwindet das Gefühl der Zugehörigkeit, und das Wertbewusstsein sinkt, oft bis an die Schmerzgrenze, an der meist nur ein Mangel an Alternativen die Mitarbeiter davon abhält, das Unternehmen zu verlassen. Dann sinken auch ihre Einsatzbereitschaft und ihr Mitdenken auf ein Maß, das die Gegenleistung dafür ist, als mehr oder weniger austauschbar angesehen zu werden und eine standardisierte Arbeit zu leisten.

Wenn man als Unternehmensführer diese Zusammenhänge erkannt oder bereits erfahren hat, dann gehört nicht viel Einfühlungsvermögen dazu, den unsichtbaren Vertrag in diesem Punkt neu gestalten zu wollen. Es geht um die Anerkennung und Bestärkung des Werts, den das Unternehmen jedem einzelnen Mitarbeiter beimisst, nicht aus Wohlwollen, sondern aus betriebswirtschaftlicher Würdigung seiner Rolle und seines Beitrags zum Erfolg. Umgekehrt geht es darum, aus dem Bedürfnis nach Zugehörigkeit ein vertrauensvolles Engagement der Mitarbeiter für das Unternehmen entstehen zu lassen.

2.4.2 Kameradschaft und Gemeinsamkeit

In unseren Beratereinsätzen hatten wir mit zahlreichen Unternehmen zu tun, in denen Vorstände und Geschäftsführer mehr oder weniger offen zerstritten waren. Meist sollte es um komplexe strategische und operative Aufgaben gehen, aber es stellte sich schnell heraus, dass die tatsächliche Komplexität größer war als die sachliche, weil sie durch persönliche Interessen, unterschiedliche mentale Modelle und oft durch Animositäten und Vorwürfe innerhalb der Führungsgruppe gesteigert wurde, die sich in der ganzen Organisation ausbreiteten.

In der ersten gemeinsamen Sitzung mit der Führungsgruppe, in der nach eingehenderen Erkundungen Problemstellung und Vorgehensplanung präzisiert werden sollten, stellten wir in solchen Fällen zunächst die Frage, was jedem der Sitzungsteilnehmer persönlich das Wichtigste in seinem Leben sei. Die Antwort solle jeder nach einigem Nachdenken in wenigen Stichworten auf einen Zettel schreiben und für sich behalten. Anschließend gingen wir die Wette ein, dass auf allen Zetteln etwas stand, das mit guten menschlichen Beziehungen oder gar Freundschaft zu tun hatte – und nahezu immer lagen wir richtig. Aus dieser Tatsache leitete sich wie von selbst die nächste Frage ab: Warum war dieses Wichtigste nicht auch im Kreis der anwesenden Unternehmensleiter verwirklicht worden? Warum schwelten hier im Gegenteil Spannungen und Auseinandersetzungen – bis hin zu unverhohlener Gegnerschaft und Geringschätzung? Bei der gemeinsamen Analyse der sachlichen Problemstellungen wurde meist klar, dass jeder der Anwesenden kaum etwas von den Überlegungen und Beweggründen der anderen wusste; dass zwar jeder seine Position mit den Unternehmensinteressen begründete, dass aber das Verständnis dessen, was diesen Unternehmensinteressen am besten diente, sehr unterschiedlich war. Dass andere eine abweichende Position bezogen, interpretierte jeder so, dass die jeweilige Person von Eigeninteresse und Scheuklappendenken geleitet wurde, manchmal sahen sie es auch als Gefahr für sich selbst. Misstrauen und eine gewisse Aggressivität im Umgang miteinander waren zur Normalität geworden. Indem wir alle Argumente, alle verfügbaren Informationen und Annahmen offenlegten, konnten wir in den meisten Fällen ein gemeinsames Problemverständnis erarbeiten. Viel wichtiger war es jedoch, dass das gegenseitige Misstrauen innerhalb der Führungsgruppe zu schwinden begann, dass gegenseitiges Verständnis entstehen konnte und dass alle anfingen, an einem Strang zu ziehen. Oft gingen die Führungskollegen mit Bemerkungen aufeinander zu wie „Wenn ich gewusst hätte, welche Überlegungen Sie bewegt haben, hätte ich nicht so aggressiv dagegen opponiert" oder „Tut mir leid, dass wir uns so missverstanden haben".

Der Begriff „Kameradschaft" hat heute einen altmodisch-naiven Beigeschmack. Aber immer, wenn wir ein Team erleben, das auffallend gut zusammenarbeitet und beeindruckende Ergebnisse erzielt, reden wir von seinem starken Teamgeist und meinen damit kameradschaftliches Verhalten. Dieses Verhalten verleiht dem Team eine Kompetenz und Leistungsfähigkeit, die weit größer ist als die Summe der Einzelkompetenzen und Einzelleistungen der Teammitglieder. Es entspringt nicht einer besonders guten Koordination und Steuerung, sondern der kameradschaftlichen Beziehung, dem Vertrauen der Teammitglieder zueinander. Es schließt Leistungswettbewerb im Team nicht aus – im Gegenteil, es ist von der sportlichen Herausforderung aller geprägt. Aber das Vertrauen beruht auf der Sicherheit, dass die Teammitglieder im Interesse des gemeinsamen Erfolgs fair, offen und hilfsbereit sind.

Wir haben uns oft gefragt, warum Führungsgruppen diesen Zustand der gemeinsamen Leistungsfähigkeit gar nicht anstreben, sondern auf kameradschaftliche Gemeinsamkeit verzichten. Warum es als Ausdruck von Führungsqualität angesehen wird, wenn sich eine Führungskraft gegen eine andere durchsetzt, wenn sie auftrumpft und andere „hart angeht", warum man es aber in anderen Führungsgruppen auch stillschweigend vermeidet, unterschiedliche Positionen und Einschätzungen auszudiskutieren, bis es schließlich doch zum Eklat kommt. Der Vertragstitel „Zugehörigkeit" wird durch unkameradschaftliches Verhalten innerhalb der Führungsgruppe meist spürbar im ganzen Unternehmen unterminiert. Dadurch schwindet das Vertrauen der Mitarbeiter, einer großen Gemeinsamkeit anzugehören, und es bilden sich typischerweise kleine inoffizielle Gemeinsamkeiten, die zu einer unterschwelligen Fragmentierung der Organisation führen und die ihre Erfüllung nicht mehr in der großen gemeinsamen Leistung des Unternehmens suchen, sondern darin, die funktionale Teilleistung einzelner Bereiche abzusichern.

2.4.3 Größe des gemeinsamen Vorhabens

Miterlebt zu haben, wie der Stapellauf eines großen Schiffs zu einem erhebenden Moment für jeden einzelnen Werftmitarbeiter wird, wie alle Mitarbeiter einer Engineering-Firma den erfolgreichen Abschluss eines herausfordernden Projekts feiern oder wie die Belegschaft eines Elektronikunternehmens der Messepräsentation ihres neuen Produkts entgegenfiebert, ist beflügelnd und unvergesslich. Das Bewegende an diesen Erlebnissen ist das starke Gefühl der Zugehörigkeit, des Mitwirkens an einem gemeinsamen Vorhaben, das die Menschen in diesen Momenten wie sonst selten sichtbar verbindet und erfüllt, vom obersten Verantwortlichen über die direkt Involvierten bis zur Sekretärin und zum Schweißer, Monteur oder Lagermitarbeiter. In ihren Augen hat das gemeinsame Vorhaben Größe und Bedeutung, erbringt mehr als eine verkaufbare Ware, liefert vielmehr den Beweis, dass das engagierte Zusammenwirken vieler unter oft schwierigen Bedingungen und hohem Zeitdruck zu sichtbarem Erfolg führt.

Damit wird laut dem unsichtbaren Vertrag des Unternehmens mit seinen Mitarbeitern ein wichtiger „Deal" eingelöst - nicht nur Leistung gegen Bezahlung, sondern Engagement und Solidarität gegen Zugehörigkeit und Stolz. Das Vertrauen in die Erfüllung dieses Vertragspunkts wird auch bei künftigen Vorhaben seine zuverlässige Wirkung auf die Leistungsfähigkeit der beteiligten Menschen haben. Deswegen ist es für das Vertrauensklima eines Unternehmens so wichtig, seinen Vorhaben, seien es innovative Produktentwicklungen, Projektrealisierungen, Dienstleistungen oder Marketing- und Verkaufskampagnen im Handel, Größe beizumessen und die wichtige Rolle aller Mitarbeiter deutlich anzuerkennen.

Die Großartigkeit, um die es geht, ist nicht auf Produkte und Leistungen beschränkt, die im Fokus der Öffentlichkeit und der Medien stehen. Auch Unternehmen in Branchen, deren Produkte und Leistungen eher alltäglich erscheinen – etwa in der Werkzeugbranche, im Logistikbereich oder im Lebensmittelhandel –, können sich große Ziele setzen und das Engagement ihrer Mitarbeiter für etwas Großes gewinnen; sei es, indem sie ein neues Geschäftsmodell mit starker Kundenorientierung verwirklichen (wie im Fall der Bau- und Heimwerkermärkte Obi in der Werkzeugbranche oder der anthroposophisch orientierten Lebensmittelkette tegut), indem sie durch Schnelligkeit und Pfiff eine Spitzenposition im schnell wachsenden, aber umkämpften Logistikmarkt erringen (wie im Fall von DHL, dem internationalen Paketdienst der Deutschen Post) oder indem sie ein Image der Zuverlässigkeit zurückgewinnen (wie im Fall der Deutschen Bahn, deren Mitarbeiter durch ein Tal der Tränen gehen mussten, als technische Pannen, Verspätungen und der misslungene Börsengang sie einer schnell anschwellenden und andauernden Welle von Kritik und Zynismus aussetzten).

Die Unternehmensleitung kann die Mitarbeiter durch die Großartigkeit eines Vorhabens, eines Projekts, einer Herausforderung zu einer dauerhaften gemeinsamen Leistung inspirieren, wenn sie die Bedeutung der Rolle und des Beitrags aller für den Erfolg glaubwürdig macht und als ungeschriebene Gegenleistung die Zugehörigkeit zu einer Gemeinschaft von engagierten Mitstreitern bietet.

2.5 Vertragstitel „Einsatz für eine höhere Sache"

Ebenso verdrängt wie das Bedürfnis nach Kameradschaft ist in diesem Zusammenhang das Bedürfnis, gut zu sein. Diesen beiden menschlichen Bedürfnissen wird im unternehmerischen Geschehen, im Berufsleben und oft auch im Selbstverständnis vieler Führungskräfte kein bewusster Stellenwert mehr beigemessen. Aber sich für mehr als materielle Vorteile einzusetzen und zu einem Unternehmen zu gehören, das gesellschaftliche, soziale und ökologische Verantwortung beweist, erzeugt bei den Mitarbeitern innere Verbundenheit und vermittelt ihnen Sinn. Wie auch immer die höhere Sache definiert ist, für die das Unternehmen sich einsetzt, sie wird Bestandteil des unsichtbaren Vertrags, nach dem seine Führungskräfte und Mitarbeiter ihr Vertrauen in den Sinn ihres Einsatzes und ihrer Loyalität als gerechtfertigt empfinden.

2.5.1 Ehrbarkeit des Tuns

Die Entfremdung, die viele Menschen heute gegenüber ihrem Arbeitgeber und ihrer beruflichen Tätigkeit empfinden, hat meistens uneingestanden einen entehrenden Effekt: Sie verkaufen Lebenszeit, um ihre Erfüllung nach Arbeitsschluss auf andere Weise zu suchen. Sie betrachten das Unternehmen als komplexes Gegenüber, dessen Funktionsweise sie sich ausgeliefert fühlen und dessen Regelwerk sie zu puren Ausführungsgehilfen macht. Meist sind es „von oben" verordnete Maßnahmen wie Restrukturierungen, Fusionen und organisatorische Umstellungen, die diese Entfremdung verursacht haben, besonders wenn sich in der Umsetzung der Maßnahmen erweist, dass die groß angekündigten Vorteile, wenn überhaupt, nur mühsam erreicht werden und viele der vorher funktionierenden Dinge dabei verloren gehen.

Wenn Vertrauen in die Unternehmen in den letzten zehn bis zwanzig Jahren geschwunden ist, dann liegt das daran, dass – für die ganze Gesellschaft sichtbar und ihr von den Medien tagtäglich vor Augen geführt – so viele Menschen „abserviert" wurden, entlassen, in Frührente abgeschoben, die sich zuvor aufgrund ihres Einsatzes, ihrer Erfahrung und der Wichtigkeit ihrer Aufgabe sicher und respektiert gefühlt hatten. Dass in Deutschland in den 1980er- und 1990er-Jahren auch sehr viele

Techniker, Ingenieure, Chemiker und Fachkräfte entlassen wurden und keine neue Beschäftigung mehr fanden, untergrub die bis dahin herrschende Vorstellung, eine aufwendige technische und naturwissenschaftliche Ausbildung sei eine Gewähr für eine sichere Karriere. Der Schock, überflüssig sein zu können, ging so tief, dass seitdem die Zahl der Studierenden technischer und naturwissenschaftlicher Fächer abgefallen ist und inzwischen weit unter dem nun lautstark beklagten Bedarf der Unternehmen an Nachwuchs für diese Fachbereiche liegt. Und das, wo doch die einzige Zukunftschance der deutschen Wirtschaft im internationalen Wettbewerb darin liegt, innovative technische Spitzenleistung zu bieten.

Um das Vertrauen in die Ernsthaftigkeit der Unternehmen wiederzugewinnen, dass die Mitarbeiter tatsächlich als wichtigste Ressource gewürdigt werden, muss über den Arbeitsvertrag und seine Klauseln hinaus spürbar werden, dass es nicht nur darum geht, einen Job zu erledigen, solange er gebraucht wird, sondern um eine höhere gemeinsame Sache. Durch diese höhere Sache, zu der sich das Unternehmen glaubwürdig bekennt, muss auch der Einsatz jedes Mitarbeiters ehrbar werden.

Das über die Gewinnerzielung hinausgehende Anliegen der Lufthansa ist es beispielsweise, die Sicherheit und den Komfort ihrer Passagiere sowie die Erreichbarkeit nahezu aller wichtigen Punkte auf dem Globus zu gewährleisten, um die Welt zu vernetzen und zu öffnen. Aus diesem bekundeten Selbstbewusstsein der Lufthansa leitet sich die Ehrbarkeit des Tuns jedes ihrer Mitarbeiter an jeder Stelle des Unternehmens ab. Ein Ingenieur in einem deutschen Maschinenbau-Unternehmen muss ebenso wie ein Chemiker im Labor eines deutschen Herstellers von Spezialchemikalien wissen: Sein Tun trägt beispielhaft dazu bei, dass deutsche Unternehmen mit innovativen Entwicklungen im internationalen Markt unübertroffene Problemlösungen anbieten können – mit hierzulande verfügbarem Know-how und Tüftlergeist und unter Nutzung von Kompetenzclustern. Als ein ebenso ehrbares Tun kann aber auch ein McDonald's-Mitarbeiter seine Tätigkeit ansehen, wenn er sich als wichtiger Mitwirkender bei der Verwirklichung der Konzeption seines Unternehmens versteht. Diese besteht darin, Menschen in vielen Ländern auf besonders praktische Weise, zu günstigen Preisen und in einer lockeren Atmosphäre mit hochwertigen Speisen zu versorgen.

In all diesen Fällen geht es darum, über einen unsichtbaren Vertragspunkt den einzelnen Mitarbeiter der Ehrbarkeit seines Tuns zu versichern, indem ihm immer wieder bewusst gemacht wird, dass er zu einer höheren Sache beiträgt als nur zum unmittelbaren Geschäftszweck. Eine typische Aussage zu diesem unsichtbaren Vertragspunkt stammt von einem Mitarbeiter eines Pharma-Unternehmens: „Ich engagiere mich voll, weil es mich befriedigt, dass meine Forschungsarbeit und meine Ergebnisse einem wichtigen humanen Zweck zugute kommen."

2.5.2 Sinngebende Ausrichtung

„Die Tätigkeit meines Unternehmens vermittelt mir einen Sinn, der umfassender ist als die Herstellung und Verteilung von Strom. Die volkswirtschaftliche Bedeutung der sicheren Stromversorgung verleiht auch mir und meiner täglichen Arbeit eine Bedeutung, die über das Geldverdienen hinausgeht. Ich sehe mich als Gewährsmann dafür, dass Menschen und Unternehmen unseres Landes funktionieren können." Das sagt ein Mitarbeiter eines Energieversorgers. Eine andere Sinngebung drückt ein Mitarbeiter einer großen Unternehmensberatung so aus: „Ich bin Entwickler der Talente und der Laufbahn junger vielversprechender Menschen. Ohne diese Herausforderung würde mir in meinem Berufsleben etwas Entscheidendes fehlen!"

Die Erfahrung der Sinnsuche machen wir alle immer wieder. Menschen verfolgen diese Suche in unterschiedlichen Richtungen, meist unterschwellig und insgeheim. Unternehmen können dabei eine implizite Orientierungshilfe geben und zu einer sinngebenden Ausrichtung verhelfen.

Die elementarste Sinngebung besteht, wie im vorangegangenen Abschnitt erläutert, darin, dass die Mitarbeiter, wenn sie die ihnen anvertraute Aufgabe so gewissenhaft und qualifiziert wie möglich erfüllen, darin nicht nur für sich selbst eine Befriedigung empfinden, sondern ihren Beitrag für den Erfolg des Unternehmens erkennen. Sie brauchen dazu das Vertrauen, dass ihre Aufgabe sinnvoll definiert ist, dass das Unternehmen ihre Leistung würdigt und dass diese sich im Gesamtergebnis wiederfinden lässt. Feedback und Anerkennung durch die Unternehmensleitung sind wichtig, um diese Sinngebung zu festigen. Eine höhere Ebene der Sinngebung hat mit der Bedeutung der eigenen Arbeit und der Produkte und Leistungen des Unternehmens für das Wohl der Menschen zu tun, die das Unternehmen damit versorgt – und damit für das Wohl der Gesellschaft insgesamt. Hierfür muss die Unternehmensführung eine kontinuierliche Kommunikationsleistung in das Unternehmen hinein erbringen, sie muss ihre eigene Überzeugung auf die Mitarbeiter übertragen, dass das Unternehmen mit seinen Produkten und Leistungen Nutzen stiftet, indem sie die Bedürfnisse der Kunden zu erkennen sucht und sich bemüht, diesen Bedürfnissen durch die wirkungsvolle Gemeinschaftsleistung aller seiner Mitarbeiter gerecht zu werden.

Nur ehrliche und für die Mitarbeiter nachvollziehbare Aussagen der Unternehmensleitung finden ihre Akzeptanz und können ihre Sinnsuche befriedigen. Die üblichen Formulierungen der „Mission" des Unternehmens, die gedruckt und gerahmt an der Wand hängen, können das nicht bewirken, sie sind zu aalglatt und überfrachtet, und sie benutzen meist nicht die Sprache, in der die Menschen im Unternehmen denken und sich ausdrücken. Wir haben noch keinen Unternehmensführer gefunden, der die „Mission" seines Unternehmens wiedergeben konnte. Dagegen ist die spontan formulierte Aussage vieler Unternehmensführer über den Nutzen, den ihr Unternehmen für seine Zielkunden stiftet, meistens glaubwürdig. Diese Aussage zu einem akzeptierten Punkt des unsichtbaren Vertrags mit den Mitarbeitern werden zu lassen, ist ein persönlicher Beitrag jedes Unternehmensführers zur Vertrauensbildung im Unternehmen.

2.5.3 Loyalität und Solidarität

Von Mitarbeitern Loyalität einzufordern, hat sich als ebenso illusorisch erwiesen wie das Vorhaben, sie zum Vertrauen zu bewegen. Loyalität gegenüber einer Person, einer Gruppe von Personen und einem Unternehmen entsteht durch innere Verbundenheit, die sich nur entwickeln kann, wenn eine gemeinsame Basis von Werten, Zielen und Verhaltensweisen spürbar ist. Der unsichtbare Loyalitätsvertrag zwischen einem Unternehmen und seinen Mitarbeitern beruht auf einem „Wie du mir, so ich dir". In den Augen der Menschen haben viele Unternehmen aufgehört, loyal zu ihren Mitarbeitern zu sein, als sie zum Beispiel massenweise Entlassungen ankündigten, während sie eher gute Geschäftsergebnisse einfuhren (wie im Fall der Deutschen Bank). Auch Mitarbeiter, die selbst keine Entlassung zu befürchten haben, verspüren in einer solchen Situation einen Loyalitätsverlust, sie tun sich schwer, sich dem zur Illoyalität fähigen Unternehmen gegenüber noch loyal zu verhalten und es nach außen entsprechend zu vertreten. Wer weiß schließlich, was der nächste Verhaltenscoup der Unternehmensleitung bringen wird? Sie schlucken und machen wie hinter einer Maske weiter, hinter der sie zynische Gedanken über „ihr" Unternehmen verbergen.

Rationale Erklärungen über Kapitalmarktzwänge, Automatisierungs- und Outsourcing-Trends oder Veränderungen der Wertschöpfungskette und Qualifikationsanforderungen sind zwar im Nachhinein intellektuell nachvollziehbar. Als Eindruck von Illoyalität bleibt aber bestehen, dass diese rationalen Gründe nicht von heute auf morgen entstanden sind, sondern sich über längere Zeit sukzessive herausgebildet haben, oft durch Fehler auf oberster Ebene, dass das Unternehmen die betroffenen Mitarbeiter aber bis zur öffentlichen Aufkündigung an seine Loyalität glauben ließ. Wir haben andere Unternehmen erlebt, in denen die Mitarbeiter bereit waren, dem unsichtbaren Vertrag folgend auch in schwierigen Phasen zum Unternehmen zu stehen und hohen Einsatz zu zeigen, der über die schriftlich fixierten Vertragsvereinbarungen hinausging. Die Unternehmensleitung ihrerseits suchte und fand Wege, um Trennungen zu vermeiden. Ohne diese gegenseitige Solidarität, ohne die dadurch gewahrte Vertrauensbasis wären schriftliche Regelungen für Zusatzleistungen erforderlich und Kündigungen unvermeidlich gewesen.

Loyalität und Solidarität sind „Intangible Assets", die auf dem unsichtbaren Vertrag zwischen Unternehmen und Mitarbeitern beruhen und durch messbare und nicht messbare Investitionen der Unternehmensleitung in vertrauensförderliche Bedingungen und Verhaltensweisen entstehen, aber nicht eingefordert werden können. Daher beinhalten diese Investitionen ja immer das Risiko des Fehlschlags. Aber die meisten Menschen sehnen sich nach Loyalität und Solidarität und erleben sie, wenn sie zustande kommen, als Glückssträhne, für die sie viel auf sich zu nehmen bereit sind und die sie zu besonderer Leistung befähigt. Umso widersinniger ist es, dass so viele Verhaltensweisen von Führungskräften in den Unternehmen und politischen Institutionen nicht auf Loyalität und Solidarität abzielen, sondern von vornherein die Risiken der Übervorteilung und des Ausnutzens durch andere, das prinzipielle Misstrauen, als die Normalität annehmen, zu der sie dann auch werden. Um sicherzugehen, wählen diese Führungskräfte immer weitgehendere Absicherungen und verzichten vollkommen auf die produktive Wirkung von Vertrauen. Dann aber ist es paradox, den Mangel an Vertrauen als Ursache von Problemen zu beklagen, wie es heute andauernd geschieht.

2.6 Vertragstitel „Sicherheit"

Misstrauen ist, wie eingangs festgestellt, eine vernünftige Anfangshaltung beim Beginn menschlicher Beziehungen, um Risiken der Übervorteilung und Schädigung, der Täuschung und Fehleinschätzung, der Unzuverlässigkeit und Enttäuschung durch andere zu minimieren. Das gilt für die Verantwortung der Unternehmensleitung, wenn sie neue Mitarbeiter einstellt und Befugnisse an die bestehenden Mitarbeiter delegiert. Die schriftlichen Abmachungen im Arbeitsvertrag, die organisatorische Eingliederung in Hierarchie und Abläufe und die Berichtsbeziehungen und -pflichten bilden nur den formalen Rahmen, in dem sich das Zusammenwirken der Mitarbeiter abspielen soll – in einer Art, die sicherstellt, dass das Unternehmen wie vorgesehen funktioniert und sich erfolgreich entwickelt. Der unsichtbare Vertrag besagt jedoch, dass im Bewusstsein der Mitarbeiter neben den Sicherheitsinteressen des Unternehmens auch ihre eigenen Sicherheitsinteressen Gegenstand des „Deals" sind: Dafür, dass sie sich für die Sicherheit des Unternehmens einsetzen, erwarten sie, dass das Unternehmen ihnen auch Sicherheiten bietet, die mit ihrer Lebensqualität zu tun haben, mit der Zuverlässigkeit der organisatorischen Bedingungen im Unternehmen und mit ihrem Schutz durch Rechte und Verhaltensnormen.

2.6.1 Sicherheit der Lebensqualität

Die Mitarbeiter auf allen Ebenen im Unternehmen geraten in ein Abhängigkeitsverhältnis von ihrem Arbeitgeber, das mit zunehmender Zugehörigkeitsdauer wächst, weil sie sich immer stärker auf die Anforderungen und Besonderheiten ihres Unternehmens einstellen. In der Vergangenheit erwuchs ihnen aus dieser Intimität mit dem Unternehmen kein Nachteil, sondern eher eine wachsende Sicherheit: Sie konnten darauf vertrauen, dass sie für ihr Unternehmen aufgrund ihrer Erfahrung und Vertrautheit immer wertvoller wurden. Das Vertragsverhältnis mit dem Unternehmen konnte die Basis ihrer Lebensplanung, ihrer Kreditverträge und ihrer gesellschaftlichen Position werden.

Dieses Vertrauen ist heute beschädigt, denn die Dauer der Zugehörigkeit kann zur Schwäche werden, die gesammelte Erfahrung kann veralten und unbrauchbar, ja hinderlich werden; die Miet-, Raten- und Kreditverpflichtungen, die man zur Sicherung der Lebensqualität eingegangen ist, können zur unbedienbaren Last werden. Die meisten Menschen kennen heute in ihrem näheren Umkreis einen oder mehrere Fälle, bei denen unverhofft diese Wende eingetreten ist, nicht immer mit dem Ausweg einer gleichwertigen neuen Beschäftigung woanders. Die ständigen Konjunktureinbrüche durch unverständliche Spekulationsblasen, die astronomischen Ausmaße der Schuldenkrisen von Banken und ganzen Ländern, die offensichtliche Hilflosigkeit der Regierungen, die nach lauthals verkündeter Meinung der Opposition immer alles falsch machen, und das Gespenst von raffinierten, aber unsichtbaren Finanzhaien, die sich bereichern, erzeugen ein von Misstrauen durchdrungenes Lebensgefühl der Unberechenbarkeit einer undurchschaubaren globalen Szenerie. In dieser Welt die eigene Lebensqualität zu sichern, bedeutet für immer mehr Menschen einen Zwiespalt zwischen der Begrenzung der vertrauensvollen Ausrichtung auf das derzeitige Unternehmen und damit des inneren Engagements für dieses Unternehmen und dem Engagement für die Weiterentwicklung der eigenen Qualifikationen und beruflichen Interessen, um sich für andere Optionen zu wappnen.

Unternehmensführer müssen sich heute bewusst sein, dass das Vertrauen der Mitarbeiter in diesem Sinn nicht mehr dasselbe sein kann und vielleicht auch nicht mehr sein soll „wie früher". Um dennoch Loyalität und Einsatzbereitschaft der Mitarbeiter zu wahren, müssen die Unternehmen ihnen Qualifikationsmöglichkeiten für neue Aufgaben und Anforderungen bieten, sodass ihr Vertrauen in die Sicherheit ihrer Lebensqualität auf diese neue Art und Weise erhalten bleibt und sie mit der Veränderungsdynamik unserer Welt leben können, ohne zu verkrampfen.

2.6.2 Zuverlässigkeit der organisatorischen Bedingungen

Die häufigen Folgen von Reorganisationen, Projekten des Business Process Reengineering, von Neuerungen durch die Weiterentwicklung der IT und von allen möglichen Restrukturierungen haben bei den Mitarbeitern zahlreicher Unternehmen den Eindruck entstehen lassen, dass der ständige Wandel mehr ein Herumtasten und Hinterherhinken ist als eine klare Entwicklung auf ein Ziel hin, die von einem sicheren Unternehmenskonzept geleitet wird. Für diesen Eindruck spricht, dass die Maßnahmen meist unter Zeitdruck ergriffen werden, dass als Argument oft das Überleben des Unternehmens im internationalen Wettbewerb beschworen wird und dass neue Maßnahmen dieser Art häufig die Ergebnisse der vorangegangenen wieder umstoßen. Dadurch entsteht in den Unternehmen eine Mentalität der Unsicherheit, die Mitarbeiter fragen sich: „Was kommt als Nächstes?" Vertrauen in eine neue organisatorische Lösung entsteht, so unsere Erfahrung, erst im Laufe eines Gewöhnungsprozesses, in dem sich der unsichtbare Vertrag von Geben und Nehmen einspielen kann. Damit ein Gefühl von Sicherheit entsteht und sich Vertrauen einstellt, müssen die Mitarbeiter erfahren, dass die organisatorischen Bedingungen zuverlässig sind. Vertrauensschwund und die dadurch bedingte Resistenz der betroffenen Mitarbeiter und oft auch der Führungskräfte aber vereiteln heute in vielen Unternehmen die theoretischen Vorteile einer weiteren organisatorischen oder strukturellen Optimierung. In diesen Fällen, so unsere Erfahrung, erweist es sich als effizienter, nicht primär an den organisatorischen Bedingungen, sondern zunächst bei der Vertrauensbildung anzusetzen und im bestehenden organisatorischen Rahmen die Sicherheit, die Kooperationsbereitschaft und das Engagement der Mitarbeiter zu erhöhen.

2.6.3 Schutz durch Rechte und Verhaltensnormen

Der unsichtbare Vertrag ist im Gegensatz zu schriftlich festgelegten Verträgen und Regelungen nicht verbal verhandelbar. Er baut auf eingespielten, impliziten Gewohnheitsrechten und Verhaltensnormen auf und vermittelt auf dieser Basis die Sicherheit, dass ein bestimmtes Verhalten, ein bestimmtes Engagement zu einem bestimmten Ergebnis führt. Diese Zusammenhänge sind in jedem Unternehmen Bestandteil der Unternehmenskultur. Sie bewusst und zu großen Teilen unbewusst zu kennen und einzuhalten, schützt die Mitarbeiter davor, anzuecken und sich zu isolieren.

Wenn die Unternehmensleitung Veränderungen herbeiführt, die die bestehenden Gewohnheitsrechte und Verhaltensnormen entwerten, ohne dafür einen neuen „Deal" anzubieten, der eine neue, mindestens gleichwertige Sicherheit gewährt, dann tritt unterschwelliger Vertragsbruch ein. Er kann sich auf andere unsichtbare Vertragstitel auswirken und zu ungeahntem Widerstand führen. Solche Veränderungen können neue Verfahren der Mitarbeitergespräche und -bewertung sein, neue Arbeitszeitregelungen, neue Anforderungen an die Zusammenarbeit von Abteilungen oder neue Formen des Leistungsdrucks. Sie stellen meistens erst einmal das Vertrauen der Mitarbeiter auf eine Probe, dass alles mit rechten Dingen zugeht. Nur wenn die Beweggründe und die neuen Sicherheiten transparent sind, ist ein vertrauensvoller Übergang auf das Neue möglich.

2.7 Vertragstitel „Materielle Würdigung"

Die materielle Seite steht bei den meisten Menschen, mit denen wir zu tun hatten und haben – auch bei uns selbst – nicht an oberster Stelle des unsichtbaren Vertrags mit „dem Unternehmen". Sie befindet sich vielmehr in einem „Trade-off-Verhältnis" mit den anderen Bedürfnissen, deren Befriedigung durch die schon beschriebenen Vertragstitel mehr oder weniger gut gewährleistet wird: Je höher das Prestige, der Handlungsspielraum, die Flexibilität, die das Unternehmen bietet, je stärker das Zugehörigkeitsgefühl und je größer die Sicherheit, die es vermittelt, desto eher sind die Mitarbeiter, aber auch viele Spitzenführungskräfte bereit, auf der materiellen Seite „nicht aufs Ganze zu gehen".

Streitsituationen über Einkommenshöhe und -entwicklung sind meist Symptome dafür, dass es um andere Vertragstitel des unsichtbaren Vertrags nicht gut bestellt ist. In diesen Fällen erzeugt die Erfüllung finanzieller Forderungen durch das Unternehmen bei den Mitarbeitern sogar häufig einen zusätzlichen Vertrauensschwund, denn wenn die anderen Bedürfnisse unbefriedigt bleiben, nimmt die latente Resignation zu, sich „zu verkaufen".

Aber selbst wenn die anderen Vertragstitel als zufriedenstellend geregelt empfunden werden, darf die materielle Würdigung eine Schwelle nicht unterschreiten, um das Systemvertrauen in das Unternehmen nicht auszuhöhlen: Leistung muss sich lohnen, Einsatz muss Chancen eröffnen, und der Vergleich der materiellen Situation mit Mitarbeitern ähnlicher Position in anderen Unternehmen darf nicht beschämen.

2.7.1 Lohn der Leistung

Zu welchem Preis ein Unternehmen seine Produkte und Leistungen verkaufen kann, bestimmt „der Markt", auf dem die Produkte und Leistungen im globalen Wettbewerb stehen – so weit besteht Einigkeit. Niemand kauft ein Produkt zu einem höheren Preis, nur weil der Hersteller höhere Kosten hat. Dieses Prinzip hat, wie auch alle wissen, dazu geführt, dass ganze Branchen aus Deutschland verschwunden sind, weil die Personalkosten deutscher Produktionsstätten höher waren als in anderen Ländern, auch wenn dort zunächst mit niedrigerer Produktivität produziert wird.

So sehr hierzulande alle Verbraucher von den niedrigen, in manchen Fällen geradezu Spottpreisen importierter Produkte und Leistungen profitieren, so konsequent verdrängen viele die Ursachen und Folgen dieser Produktionsverlagerung – es sei denn, eine weitere Verlagerungswelle steht an, die wieder Anlass zu Protest und Anklagen gibt. Dass auch hoher Einsatz und hohe Produktivität dann nicht mehr ausreichen, um das etablierte Personalkostenniveau in Deutschland zu rechtfertigen, hat in vielen Unternehmen zu einem chronischen Spannungsverhältnis zwischen den Kapitalgebern und der Unternehmensleitung auf der einen und den Mitarbeitern auf der anderen Seite geführt. Die berechtigt erscheinende Vorstellung der Mitarbeiter, dass der Verdienst für ihre Leistung nur dann angemessen ist, wenn sie den einmal erreichten Lebensstandard mindestens halten können, steht immer wieder im Konflikt mit der unabweisbaren Tatsache, dass Unternehmen eine Mindestrendite erwirtschaften müssen, um ihre Kapitalkosten aufbringen zu können. Die gegenseitige Vertrauensproblematik entzündet sich immer wieder an der Frage, wie die erwirtschaftete Rendite am angemessensten zwischen den Kapitalgebern – seien es anonyme Aktionäre an der Börse oder leibhaftige geschäftsführende Gesellschafter – und den Beschäftigten aufgeteilt werden soll.

Dass unternehmensexterne Einflüsse hierauf einwirken, belastet das Verhältnis der beiden Seiten oft so stark, dass es zur Konfrontation kommt, zur Demonstration des abgebrochenen Vertrauens. Die Argumente der Unternehmensleitung, ob nun offen ausgesprochen oder nicht, bestehen darin, dass die Sozialgesetze es ihr unmöglich machen, die in guten Zeiten zugestandenen Lohn- und Gehaltserhöhungen in schlechten Zeiten wieder rückgängig zu machen – zumal wenn es sich nicht um unternehmenseigene Entscheidungen, sondern um flächendeckende, branchenweite Tarifverträge handelt –, und dass Gewinn nicht nur dazu benötigt wird, die Kapitalkosten zu decken, sondern auch für Zukunftsinvestitionen des Unternehmens und als Rücklage für schlechtere Zeiten. Die Argumentation der gewerkschaftlich organisierten Arbeitnehmer geht dagegen typischerweise davon aus, dass sie steigende Gewinne schon deshalb für Lohnsteigerungen beanspruchen, weil sie in schlechteren Zeiten ganz oder teilweise auf Lohnanpassungen verzichtet haben und weil der reichliche Geldentzug durch die Kapitalgeber zu einer immer weiteren Öffnung der Schere zwischen Reich und Arm führt.

Solange die tatsächliche Gewinn- und Verluststruktur und ihre Entwicklung nicht transparent ist, solange Arbeitskampf Teil des Streitarsenals ist, bleibt Vertrauen auf der Strecke. Die bisherigen und auch weiterhin zu erwartenden Produktionsverlagerungen in Niedriglohnländer, die zudem meist auch wichtige Wachstumsmärkte sind, haben die Vertrauensbedingungen in vielen Unternehmen grundsätzlich verändert. Der Lohn der Leistung ist nicht mehr verlässlich, oft wird das Eis immer dünner, auf dem die Unternehmen in Deutschland sich bewegen, und Leistungs- und Produktivitätssteigerungen müssen in den meisten Fällen in erster Linie dafür erbracht werden, den Erhalt der Arbeitsplätze in Deutschland überhaupt rechtfertigen zu können. Das neue Vertrauen, das entstehen muss, ist Vertrauen in die Unternehmensleitung, dass diese Argumentation nicht als fadenscheiniges Druckmittel benutzt wird, um die Personalkosten zugunsten der Kapitalerträge in Schach zu halten, sondern dass es darum geht, gemeinsam um den

Erhalt der Produktion und Leistungserbringung in Deutschland zu kämpfen. In den unsichtbaren Vertrag zwischen Unternehmensleitung und Mitarbeitern muss als neue Vereinbarung aufgenommen werden, dass beide Seiten ihr Bestes geben, um das Unternehmen unter den globalen Wettbewerbsbedingungen am Standort Deutschland zukunftsfähig zu erhalten. Darüber, was das Beste ist und was es beiden Seiten abverlangt, was es ihnen aber auch bringt, muss ein Einvernehmen erzielt werden, das es immer wieder zu aktualisieren und zu beleben gilt.

2.7.2 Chancen des Einsatzes

Vertrauen schließt Leistungswettbewerb und Karriereambitionen nicht aus, erfordert aber Fairness. In den Fällen, in denen wir Rivalitäten um eine zu besetzende Position erlebt haben, war weder dem Unternehmen noch den rivalisierenden Mitarbeitern oder Führungskräften gedient, wenn unfaires Verhalten ins Spiel kam. Wer das Rennen mit Taktik und Raffinesse statt mit Überzeugungskraft und Vertrauenswürdigkeit machte, war in den meisten Fällen keine für das Unternehmen „gesunde" Spitzenkraft. Auch diejenigen, die unterlagen und deswegen glaubten, das Unternehmen verlassen zu müssen, um woanders an die Spitze zu gelangen, waren dort meist nicht überzeugend. Die Beispiele sind bekannt.

Fairness im Streben nach Positionen sollte sich in „sportlichem" Wettbewerb äußern, bei dem Einsatz und Leistungsfähigkeit zählen und nicht Beziehungstaktiken und Eitelkeiten. Vertrauenswürdigkeit und die sichtbare Fähigkeit, eine Vertrauensumgebung zu schaffen, müssen unserer Ansicht nach wieder zu Hauptkriterien für Führungseignung werden. In Unternehmen, in deren Kultur Vertrauen in die Chancen eines hohen Einsatzes für das Unternehmen besteht und in denen dieser Einsatz nicht als Alleingang um der eigenen Positionierung willen, sondern als Beitrag zu einer Gemeinschaftsleistung verstanden wird, haben wir die positiven Wirkungen partizipativer Führerschaft erleben können: Hier stechen die Spitzenleute ihre Rivalen nicht aus, sondern gewinnen als Mitglieder eines vertrauensvollen Führungsteams und bewegen zu überdurchschnittlichem gemeinsamen Einsatz.

2.7.3 Vergleichbarkeit

Im heutigen Umfeld wird immer mehr Einsatz gefordert, ohne dass der materielle Lohn entsprechend gesteigert wird. Führungsleistung durch Vertrauenswürdigkeit und Fähigkeit der Teambildung sind entscheidend geworden – in diesem Umfeld gehört es zum Vertragstitel der materiellen Würdigung, dass die materielle und immaterielle Belohnung mit jener der anderen Mitarbeiter oder Führungskräfte horizontal vergleichbar ist und nach oben und unten in gerechtfertigten Proportionen steht. Dieser Punkt des unsichtbaren Vertrags gewinnt unserer Beobachtung nach größte Bedeutung für das Vertrauensklima in den Unternehmen.

Wenn etwas den Vertrauensschwund im Lande seit den Wirtschafts- und Finanzkrisen der letzten Jahre gravierend verstärkt hat, dann ist es die in den Augen der meisten Menschen unfassbare Diskrepanz zwischen dem Einkommen der Spitzenführungskräfte und dem der Mitarbeiter auf den unteren Ebenen. Alle Versuche, Vertrauen in der Gesellschaft wieder zu festigen, bleiben unglaubwürdig, wenn und solange die Entlohnung von Vorständen von Dax-Unternehmen im Bereich zweistelliger Euro-Millionenbeträge pro Jahr liegt, während das Gros der Mitarbeiter ein Tausendstel dieser Entlohnung erreicht. Ein Faktor 1.000 zwischen den Spitzen- und den unteren Einkommen in einem Unternehmen ist provokant, selbst wenn es dem Unternehmen offensichtlich gut geht. Besonders provokant ist ein solcher Faktor aber, wenn es dem Unternehmen schlecht geht und die Unternehmensleitung nicht über Zweifel erhaben ist, dass sie Fehler gemacht hat – in manchen bekannten Fällen massive Fehler.

Fallbeispiel 5: Vertrauenszerfall durch Bruch des unsichtbaren Vertrags

Nach mehreren Jahren stagnierenden Umsatzes und schrumpfender Erträge in einem schwierigen, aber immer noch wachsenden Markt wurde der Vorstandsvorsitzende des Unternehmens G, der deutschen Tochter eines globalen Konzerns der Elektrotechnik, abberufen und durch ein ehemaliges Vorstandsmitglied ersetzt, das für das Ressort Marketing/Vertrieb zuständig gewesen war und inzwischen einen kleineren Konkurrenten neu ausgerichtet und auf einen beeindruckenden Erfolgskurs gebracht hatte.

Trotz einer Folge von Rationalisierungsmaßnahmen und gesteigerter Vertriebsanstrengungen war es dem Unternehmen G nicht gelungen, die geplanten Deckungsbeiträge zu erzielen und seinen Marktanteil zu halten. Im Vorstand war es angesichts der unbefriedigenden Ergebnisentwicklung zu immer stärkeren Auseinandersetzungen gekommen, weshalb zwei Vorstandsmitglieder das Unternehmen schließlich verlassen hatten. Der Vorsitzende warf seinen Vorstandskollegen vor, die notwendigen Maßnahmen nicht konsequent genug umzusetzen und bei der Druckausübung in ihren Zuständigkeitsbereichen zu zögerlich zu sein. Er wirkte immer detaillierter auf die Belange seiner Vorstandskollegen ein, kritisierte sie offen und drohte ihnen mit Konsequenzen für den Fall, dass sie Vorgaben nicht erreichten. Gehaltserhöhungen, Bonuszahlungen und Beförderungen in den einzelnen Zuständigkeitsbereichen wurden immer restriktiver gehandhabt. Der Vorstandsvorsitzende argumentierte damit, dass sie alle in der schwierigen Situation des Unternehmens Loyalität beweisen müssten und dass es gelte, den technischen Ruf und die etablierte Position des Unternehmens in seiner Branche zu verteidigen. Der Vorstand Technik hielt dem entgegen, dass neue Entwicklungen stärker vorangetrieben werden müssten, um im Innovationswettbewerb nicht immer wieder hinterherzuhinken, und der Vorstand Marketing/Vertrieb befand, dass das Unternehmen sich stärker auf neue Vertriebswege und Zielgruppen im Markt ausrichten müsse. Das Unternehmen hatte viele Jahre lang und aufgrund seines Renommees unangefochten mit seinen etablierten Produkten gute Geschäfte gemacht, daher scheute der Vorstandsvorsitzende vor technischen Risiken und Experimenten im Markt zurück. Die beiden Vorstandsmitglieder Technik und Marketing/Vertrieb verließen schließlich das Unternehmen.

Als die ständigen organisatorischen Veränderungen zu immer größerer Verunsicherung und Unzufriedenheit unter den Mitarbeitern führten, entschied sich der Aufsichtsrat, den Wechsel im Vorstandsvorsitz vorzunehmen, und gewann das ehemalige Vorstandsmitglied Marketing/Vertrieb für den Vorstandsvorsitz zurück. Der neue Vorstandsvorsitzende merkte sofort, dass sich vieles im Verhalten der Vorstandskollegen und der Mitarbeiter im Unternehmen verändert hatte – es herrschte weniger Offenheit, die Menschen schreckten davor zurück, in ihrem Zuständigkeitsbereich selbst kleinere Entscheidungen zu fällen und Initiativen zu ergreifen, sie wirkten in den organisatorischen Abläufen verunsichert und kurzsichtig und strahlten Missmut aus. Er schlug einen Maßnahmenplan zur verbesserten Ausrichtung auf die Kundenanforderungen vor. Die Vorstandskollegen reagierten skeptisch. Sie gaben zu bedenken, dass die Mitarbeiterschaft nur schwer zu motivieren sei, da sie den Entscheidungen und Appellen des Vorstands mit Misstrauen begegnete.

Der neue Vorstandsvorsitzende erinnerte sich an seine eigene Erfahrung, als er nach langem Zögern beschlossen hatte, das Unternehmen zu verlassen. Er hatte damals das Empfinden gehabt, dass sich seine innere Verbindung zum Unternehmen löste, weil die Grundlage seines Engagements durch einseitige Verhaltensänderungen erodierte, die sein Vorgänger Schritt für Schritt propagierte und zunächst mit Rückendeckung des Aufsichtsrats und dank eines gewissen Mitläufertums des restlichen Vorstands durchsetzte – als sei ein unsichtbarer Vertrag zwischen dem Unternehmen und ihm selbst Punkt für Punkt hinfällig geworden, angefangen vom Handlungsspielraum über die Sicherheit von auf Kooperation ausgerichteten Verhaltensnormen bis hin zu den Chancen, durch Einsatz und Initiative Anerkennung zu gewinnen. Dass im Markt gleichzeitig das technische Prestige und das Renommee des Unternehmens zunehmend gelitten hatten, war ihm als schlechtes Omen für seine eigene weitere Entwicklung erschienen. Der Wechsel in ein anderes Unternehmen, in dem er seine Vorstellungen einer zukunftsgerichteten Führung verwirklichen konnte, hatte ihm bewiesen, dass es sich lohnte, ein vertrauensvolles Führungsteam mit einer gemeinsamen Kooperations- und Handlungsbasis aufzubauen.

Aufgrund dieser Erfahrung war ihm klar, dass er die wichtigsten Ansatzpunkte des anzustrebenden Verhaltenswandels im Unternehmen einkreisen, sie allen Führungskräften und Mitarbeitern vor Augen führen und neues Vertrauen in die Zukunft des Unternehmens schaffen musste. Er holte einen externen Coach zu Hilfe, um den „unsichtbaren Vertrag" zu analysieren und so die Schwachstellen zu erkennen, die sich im Verhältnis des Unternehmens zu seinen Mitarbeitern herausgebildet hatten. Diese Analyse erfolgte anhand einer Reihe eingehender vertraulicher Einzelgespräche des Coaches mit Führungskräften und Mitarbeitern des Unternehmens auf allen Ebenen. Als Leitfaden dienten dazu zwei Checklisten der Vertragstitel und Unterpunkte des unsichtbaren Vertrags: Die erste diente dazu, die Bedeutung der Vertragstitel und Unterpunkte aus der Sicht der befragten Führungskräfte und Mitarbeiter zu ermitteln, und mithilfe der zweiten Checkliste erfasste der Coach, wie sie die Einhaltung des unsichtbaren Vertrags in diesen Punkten bewerteten (Abb. 2 und 3). Beide Bewertungen führte der Coach in einer Matrix zusammen (Abb. 4 im gleichen Kapitel).

Das Ergebnis machte deutlich, dass das Unternehmen zwei der Vertragstitel, die in der Vergangenheit hohe Bedeutung im unsichtbaren Vertrag besessen hatten, in den letzten Jahren immer weniger eingehalten hatte: die Sicherheit und den Handlungsspielraum der Mitarbeiter. Die Mitarbeiter sahen die Absicherung ihrer Lebensqualität gefährdet, erlebten die Zuverlässigkeit der organisatorischen Bedingungen als unzureichend und vermissten den Schutz durch ungeschriebene Rechte und verlässliche Verhaltensnormen. Sie hatten erlebt, wie ihre Entscheidungsbefugnisse und ihre Führungsverantwortung immer weiter beschnitten worden waren, und konnten nicht mehr genau sagen, wofür sie noch zuständig waren und wofür nicht.

Was das Unternehmen funktionsfähig erhalten hatte, war nicht die immer „eisernere" Führung gewesen, sondern die eingespielte Kameradschaft unter den langjährigen Mitarbeitern, die jedem Einzelnen durch seinen Einsatz für das gemeinsame Schicksal selbst unter widrigen Bedingungen ein persönliches Wertbewusstsein vermittelt hatte. Allerdings hatte das Gefühl, eine konstruktive Rolle zu spielen, infolge der ständigen Kritik des Vorstandsvorsitzenden an den Ergebnissen und der unbefriedigenden materiellen Würdigung ihres Einsatzes eine gewisse Einbuße erlitten. In seiner Geschichte war das Unternehmen nie dafür bekannt gewesen, besonders hohe Gehälter zu zahlen, aber die Sicherheit, die es bot, das Zugehörigkeitsgefühl zu einem renommierten Unternehmen und der größere Handlungsspielraum waren den Mitarbeitern wichtiger gewesen. Die steigende Fluktuation besonders bei den qualifiziertesten Mitarbeitern war darauf zurückzuführen, dass die Sicherheit schleichend abgenommen hatte und der Handlungsspielraum geschrumpft war. Andere Mitarbeiter hielt das immer

Vertragstitel/Vertragspunkt \ Bedeutung	sehr niedrig	niedrig	mittel	hoch	sehr hoch
1. Prestige					
– technisches Prestige					●
– soziales Prestige		●			
– Renommee des Unternehmens				●	
2. Handlungsspielraum					
– Entscheidungsbefugnisse				●	
– Zuständigkeitsgefühl					●
– Führungsverantwortung				●	
3. Flexibilität					
– Kreativität			●		
– Anpassungsfähigkeit			●		
– Zukunftsorientierung			●		
4. Zugehörigkeit					
– persönliches Wertbewusstsein durch Einsatz				●	
– Kameradschaft und Gemeinsamkeit				●	
– Gefühl, eine konstruktive Rolle zu spielen			●		
5. Höhere Sache					
– Ehrbarkeit des Tuns		●			
– sinngebende Ausrichtung		●			
– Loyalität und Solidarität				●	
6. Sicherheit					
– Sicherheit der Lebensqualität					●
– Zuverlässigkeit der organisatorischen Bedingungen					●
– Schutz durch Rechte und Verhaltensnormen					●
7. Materielle Würdigung					
– Lohn der Leistung			●		
– Chancen des Einsatzes			●		
– Vergleichbarkeit			●		

Abb. 2 Checkliste der Bedeutung der unsichtbaren Vertragstitel im Unternehmen G

Einhaltung / Vertragstitel/Vertragspunkt	abnehmend	stabil	zunehmend
1. Prestige			
– technisches Prestige		●	
– soziales Prestige		●	
– Renommee des Unternehmens		●	
2. Handlungsspielraum			
– Entscheidungsbefugnisse	●		
– Zuständigkeitsgefühl	●		
– Führungsverantwortung	●		
3. Flexibilität			
– Kreativität		●	
– Anpassungsfähigkeit		●	
– Zukunftsorientierung	●		
4. Zugehörigkeit			
– persönliches Wertbewusstsein durch Einsatz	●		
– Kameradschaft und Gemeinsamkeit		●	
– Gefühl, eine konstruktive Rolle zu spielen	●		
5. Einsatz für eine höhere Sache			
– Ehrbarkeit des Tuns			●
– singgebende Ausrichtung			●
– Loyalität und Solidarität			●
6. Sicherheit			
– Sicherheit der Lebensqualität	●		
– Zuverlässigkeit der organisatorischen Bedingungen	●		
– Schutz durch Rechte und Verhaltensnormen	●		
7. Materielle Würdigung			
– Lohn der Leistung	●		
– Chancen des Einsatzes	●		
– Vergleichbarkeit	●		

Abb. 3 Checkliste der Einhaltung der unsichtbaren Vertragstitel im Unternehmen G

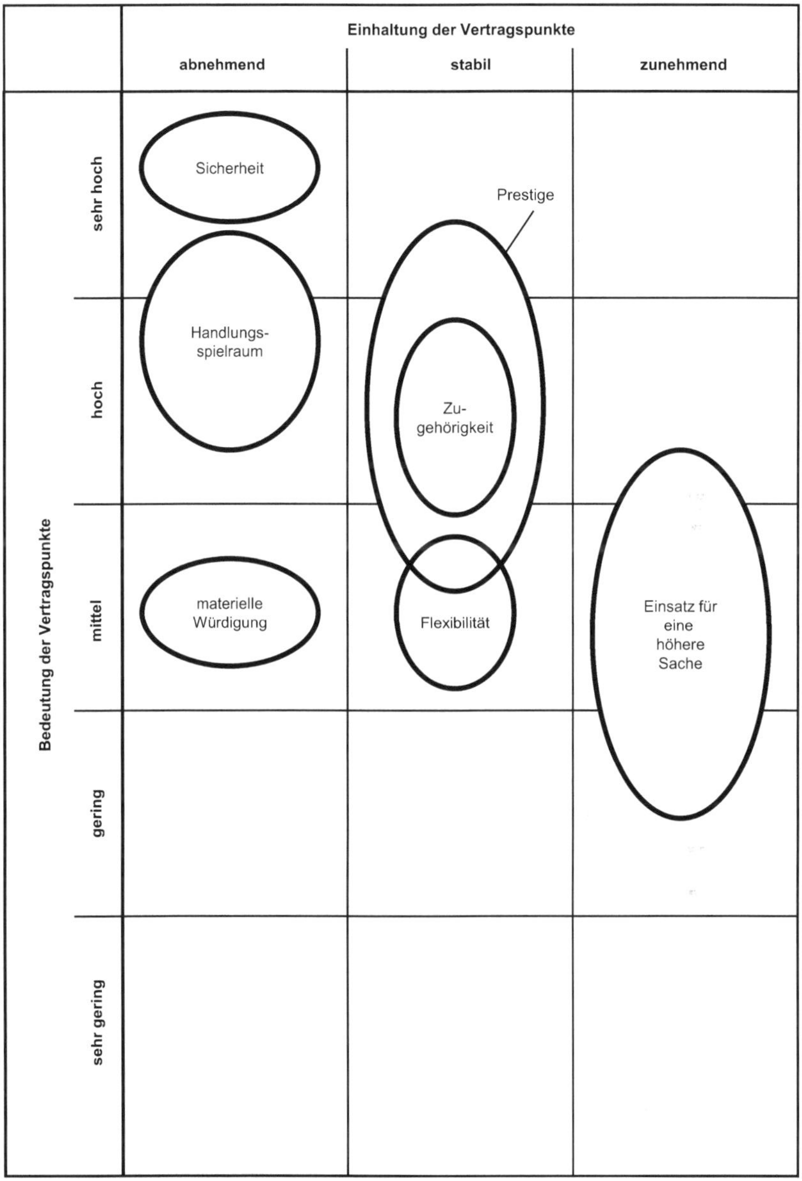

Abb. 4 Bedeutung der Punkte des unsichtbaren Vertrags und ihrer Einhaltung im Unternehmen G

noch hohe technische Prestige und Renommee des Unternehmens, die sich als erstaunlich robust gegenüber der Tatsache erwiesen, dass das Unternehmen zunehmend an technischer Leistungsfähigkeit verlor.

Zwei Punkte des unsichtbaren Vertrags, die für das Überleben des Unternehmens unter den sich wandelnden Wettbewerbs- und Marktbedingungen immer wichtiger gewesen wären, hatten der bisherige Vorstandsvorsitzende und mit ihm der gesamte Vorstand schleifen lassen. Es wäre erstens wichtig gewesen, die Zukunftsorientierung des Unternehmens zu verdeutlichen und einen „Deal" mit den Mitarbeitern zu finden, sich kreativ und anpassungsfähig auf die neuen Anforderungen einzustellen. So wäre die Bereitschaft entstanden, aktiv an der Zukunftsgestaltung des Unternehmens in ihrer zunehmend vom Innovationswettbewerb geprägten Branche mitzuwirken. Den Mitarbeitern hätte dadurch zweitens das Gefühl vermittelt werden können, eine konstruktive Rolle zu spielen, was ihre Loyalität und Solidarität gefestigt hätte. Das Bewusstsein, sich für eine höhere Sache als das laufende Tagesgeschäft einzusetzen, hatte der neue Vorstandsvorsitzende bei den Mitarbeitern des kleineren Wettbewerbers erzeugt, dessen Führung er nach seinem Ausscheiden aus dem Unternehmen G übernommen hatte. Der Erfolg hatte ihn selbst überrascht und darin bestärkt, dass gegenseitiges Vertrauen zu ungeahnter Leistungs- und Innovationsfähigkeit einer Mannschaft führen kann.

Statt sein Heil in weiteren Rationalisierungsmaßnahmen, Struktur- und Ablaufveränderungen oder Umbesetzungen zu suchen, öffnete der neue Vorsitzende seinen Vorstandskollegen und den Führungskräften der nächsten Führungsebene die Augen für die entscheidende Schwachstelle des Unternehmens: nämlich den Bruch des unsichtbaren Vertrages mit den Mitarbeitern, der über lange Zeit hinweg die Erfolgsgeschichte bedingt hatte, in wichtigen Punkten – ohne neuen Vertragspunkten zu der Bedeutung verholfen zu haben, die sie unter den sich verändernden Umfeldbedingungen verdient gehabt hätten. Die Reaktion der Vorstandskollegen bestand aus zögernder Zustimmung, Skepsis und der Frage, was sie mit den Ergebnissen anfangen sollten. Obwohl sie bei jeder Gelegenheit angemerkt hatten, dass es im Unternehmen und in seinem Umfeld an Vertrauen mangele, war es für sie unvorstellbar, selbst etwas dagegen zu unternehmen. Ihre Bemerkungen über den Vertrauensmangel waren implizit eher als Vorwurf an andere gemeint gewesen. Der neue Vorstandsvorsitzende wandte seine ganze Überzeugungskraft auf, um sie dafür zu gewinnen, mit der Vertrauensbildung im eigenen Unternehmen zu beginnen und selbst die Initiative zu entfalten, ein Vertrauensklima zu entwickeln; eine Initiative, die auf einem wieder herzustellenden unsichtbaren Vertrag zwischen der Unternehmensführung und den Mitarbeitern des Unternehmens beruhen musste.

Wie das gelingen kann, zeigt das folgende Kapitel.

Zukunftssicherung durch Vertrauensbildung

1 Wo anfangen und wie vorgehen?

In unserer unternehmerischen Praxis hat sich gezeigt und zeigt sich immer wieder, dass die Qualität der Kooperationsbeziehungen zwischen Menschen und Organisationen ein zuverlässiger Indikator für ihre zukünftigen Erfolgschancen ist. Diese Kooperationsbeziehungen werden, so unsere heutige Erkenntnis, erheblich von dem unsichtbaren Vertrag bestimmt, auf den sich die Kooperationspartner mehr oder weniger stark verlassen können. Eher stark, wenn die Beziehung beiden Seiten einen in etwa äquivalenten Kooperationsvorteil bietet, wenn sie bereits vorteilhafte Kooperationserfahrung miteinander gesammelt haben, wenn die Gefahr einer einseitigen Vorteilsnahme zulasten der anderen Seite begrenzt und frühzeitig erkannt werden kann und wenn die Umfeldbedingungen sich nicht radikal verändern. Eher weniger stark, wenn die Machtverhältnisse so unsymmetrisch sind, dass eine Seite die unsichtbaren Vertragskonditionen bestimmen kann, wenn eine der beiden Seiten nicht frei entscheiden kann, sondern möglicherweise dem Druck einer übergeordneten Stelle ausgeliefert ist, und noch weniger, wenn beide Seiten einem solchen Druck ausgesetzt sind und wenn die Umfeldbedingungen sich so radikal verändern, dass die unsichtbaren Vertragsverhältnisse nicht schnell genug angepasst werden können.

Anders als bei expliziten Verträgen gibt es beim unsichtbaren Vertrag keine Laufzeitbegrenzungen, für die Vertragsanpassungen verhandelt werden können, und keine Klauseln, die Anpassungen nach bestimmten Kriterien und zu bestimmten Zeitpunkten vorsehen. Auch gibt es keinen juristischen Vertragsschutz. Das ist unserer Erfahrung nach der Grund, warum den Kooperationspartnern Vertragsverletzungen meist nicht als solche bewusst werden, wenn die Unternehmensleitung Veränderungen veranlasst und Verhaltensweisen zeigt, die dem bisherigen impliziten „Deal" mit den Mitarbeitern zuwiderlaufen oder wenn die Umfeldbedingungen sich so entwickeln, dass bei einzelnen Punkten des unsichtbaren Ver-

T. Sommerlatte, J.-L. Fallou, *Quintessenz der Vertrauensbildung*, Quintessenz-Reihe,
DOI 10.1007/978-3-642-31385-1_6, © Springer-Verlag Berlin Heidelberg 2012

trags eine neue Einigung erforderlich wäre. Statt offen darüber zu sprechen und sich der beiderseitigen Anpassungsnotwendigkeit bewusst zu werden, reagieren die Kooperationspartner bei Verletzungen des unsichtbaren Vertrages in den meisten Fällen mit Vertrauensentzug, der sich negativ auf die Qualität ihrer Kooperation und die Zukunftschancen des Unternehmens auswirkt.

Die Kooperationsbeziehungen zwischen „dem Unternehmen" und seinen Führungskräften und Mitarbeitern sind unserer Erfahrung nach bestimmend für seine Zukunftssicherung. Durch Vorschriften, hierarchische Autorität und Ausnutzung von Angst oder Unterwürfigkeit kann zwar eine Scheinkooperation erzwungen werden, wenn die Mechanik des Unternehmens als Apparat stringent genug konzipiert ist. Aber diese Art von Kooperation haben wir in vielen Fällen als „kalt" erlebt, sie endete bei mehreren uns bekannten Unternehmen in organisationalem Burnout – einem Phänomen, das unser früherer Kollege Gustav Greve eingehend untersucht und beschrieben hat (Greve 2010). Lebendige Kooperation erleben wir dagegen in Unternehmen, in denen der unsichtbare Vertrag intakt ist und das Vertrauen vermittelt, dass sich die Kooperationsvorteile für alle auswirken. Auch in einem turbulenten wirtschaftlichen und gesellschaftlichen Umfeld, in dem Vertrauensverlust herrscht, sind diese Unternehmen Zellen eines neuen Vertrauensklimas und beweisen, dass sich ihre Zukunftschancen (und die der Volkswirtschaft) durch ihr Vertrauensklima erhöhen.

Der Weg zu einem neuen Vertrauensklima muss, wie im Fall des Unternehmens G in Fallbeispiel 5, damit beginnen, dass sich die Unternehmensleitung Klarheit über die Ausgangssituation bezüglich des unsichtbaren Vertrags und dessen aktuellen Status verschafft und dadurch zutage fördert, welche Vertrauensprobleme sich im Unternehmen entwickelt haben. Auf dieser gemeinsamen Grundlage kann dann ermessen werden, welchen neuen „Deal" die Unternehmensleitung den Mitarbeitern anbieten müsste, um mit ihnen (wieder) zu einer vertrauensvolleren Kooperation zu kommen, von der beide Seiten einen äquivalenten Kooperationsvorteil erwarten können. Von diesem Punkt an geht es darum, dass die Mitglieder der Unternehmensleitung einzeln und als Führungsgruppe das Verhalten vorleben, durch das die Merkmale eines Vertrauensklimas sichtbar werden.

2 Klarheit über die Ausgangssituation schaffen

Eine klassische Management-Weisheit besagt: Was man nicht messen kann, kann man nicht managen. Die Gültigkeit dieser Aussage können wir aus unserer eigenen praktischen Erfahrung und der vieler uns bekannter Manager bestätigen. Sie erklärt die prominente Rolle des Controllings in den Unternehmen. Allerdings führt die dadurch bedingte Ausrichtung auf betriebswirtschaftliche Kennzahlen und quantitativ erfassbare Größen auch dazu, dass anderen Phänomenen nicht die ihnen gebührende Aufmerksamkeit gewidmet wird – denen nämlich, die sich einer direkten Messung entziehen, die aber oft den messbaren Größen wie der Produktivität und den Soll-Ist-Entwicklungen zugrunde liegen. Dazu gehört bisher auch das Phänomen Vertrauen auf der zwischenmenschlichen Ebene (*personales Vertrauen*) und auf der Systemebene, also das Vertrauen der Mitarbeiter in ihr Unternehmen als Ganzes (*Systemvertrauen*), für das die Führungskräfte im Bewusstsein der Mitarbeiter verantwortliche Repräsentanten sind.

Während die einzelne Führungskraft das Maß ihrer Vertrauenswürdigkeit und ihrer Fähigkeit, Vertrauen zu gewinnen, an ihren Kooperationsbeziehungen mit Vorgesetzten, mit „Peers" auf gleicher Führungsebene und mit den an sie berichtenden Mitarbeitern ablesen kann, sind die Wirkungen des Vertrauensklimas des Unternehmens zunächst unbestimmt. Es blieb hier bisher immer bei Meinungsaussagen wie „Es fehlt an Vertrauen" oder „Die Menschen sind misstrauisch geworden" oder „Wir brauchen wieder mehr Vertrauen".

Aufbauend auf den in Abschn. 2 des Kapitels „Faktoren der Vertrauensbildung" dargestellten Merkmalen des Vertrauensklimas ist es aber möglich, in praktikabler Annäherung Aussagen über die Vertrauenssituation im Unternehmen zu machen und daraus Hinweise darauf abzuleiten, *warum* Vertrauensmängel bestehen und die dadurch bedingten dysfunktionalen Verhaltensweisen auftreten. Dazu ist es wichtig, die Ausgangssituation auch in Bezug auf die Angemessenheit und Einhaltung des unsichtbaren Vertrags zwischen dem Unternehmen und seinen Mitarbeitern zu bestimmen. Denn solange im Bewusstsein der Mitarbeiter Vertragsverletzungen bestehen oder das Vertragsverständnis unrealistisch geworden ist, stoßen die Bemühungen der Unternehmensleitung um ein verbessertes Vertrauensklima auf das Misstrauen ihrer Vertragspartner, der Mitarbeiter.

Die „gemessene" Ausgangssituation muss zur Orientierungshilfe für Verhaltensänderungen, Managemententscheidungen und Maßnahmen werden, mit denen die Bedingungen für ein verbessertes Vertrauensklima im Unternehmen geschaffen werden. Wiederholt man die „Messung" nach einer bestimmten Zeit, beispielsweise nach einem Jahr, kann man feststellen, wie stark Verhaltensänderungen, Managemententscheidungen und Maßnahmen dazu verholfen haben, die angestrebte Verbesserung des Vertrauensklimas tatsächlich zu erreichen. Ökonomische Effekte des verbesserten Vertrauensklimas lassen sich ablesen, indem man Korrelationen der Vertrauensentwicklung mit der Entwicklung der Produktivität, ausgewählter Transaktionskosten, des Innovationserfolgs, des Markterfolgs und der Profitabilität des Unternehmens prüft. Auch wenn zusätzlich viele andere Einflüsse auf diese Entwicklungen einwirken, konnten in einer Reihe von Untersuchungen starke Wechselbeziehungen zur Veränderung des Vertrauensklimas aufgezeigt werden (Fox 1974; Rippberger 1998; Albach 1980; Bijlsma und Koopmann 2003; Davis et al. 2000; Covey 2009; Barney und Hansen 1994).

Es ist erstaunlich, wie häufig uns in der Anfangsdiskussion mit Spitzenführungskräften über die Bedeutung des Vertrauensklimas die skeptische Frage gestellt wird, ob denn nachzuweisen sei, dass Bemühungen um Vertrauen zu ökonomischen Vorteilen für das Unternehmen führen. Wir können als Antwort nur immer wieder auf die zahlreichen Untersuchungen über die Ökonomik des Vertrauens und unsere eigenen Fallbeispiele der Vertrauensbildung verweisen, in denen nach einer Akklimatisierungszeit von etwa einem Jahr operative Kosteneinsparungen von bis zu 20 %, eine Beschleunigung von Geschäftsprozessen um bis zu 50 % und eine Erhöhung des Innovationserfolgs um bis zu 100 % erzielt wurden.

Um das Vertrauensklima zu messen und den Grad der Einhaltung des unsichtbaren Vertrags aufzudecken, ist, wie bereits im Abschn. 2 des Kapitels „Faktoren der Vertrauensbildung“ sowie in Abschn. 2 des Kapitels „Vertrauensbildung im Unternehmen“ beschrieben, eine eingehende dialogische Auseinandersetzung mit Repräsentanten aller hierarchischen Ebenen im Unternehmen erforderlich. Dafür hat es sich bewährt, eine Stichprobe von Gesprächspartnern aus der Unternehmensleitung, den verschiedenen Führungsebenen und der Mitarbeiterschaft in den einzelnen Funktionsbereichen zu bilden und diesen Personen Vier-Augen-Gespräche mit einem unternehmensexternen Gesprächspartner anzubieten. Dabei ist es wichtig, absolute Vertraulichkeit zuzusichern; Tonaufzeichnungen sind tabu. Die Auswertungen der Gespräche anhand der Merkmale des Vertrauensklimas und der Vertragstitel des unsichtbaren Vertrags gehen anonymisiert in die Gesamtauswertung ein. Die Größe der zu befragenden Stichprobe kann je nach Organisationsstruktur erfahrungsgemäß auf etwa 5 % der Beschäftigtenzahl begrenzt werden, da sich meist ein erstaunlich homogenes Bewertungsbild ergibt.

Die so ermittelte Ausgangssituation des Vertrauensklimas, die an Profil-Darstellungen analog zu den Abb. 1, 2, 3, 4 und 5 im Kapitel „Faktoren der Vertrauensbildung“ mit den dazugehörigen Zitaten der Gesprächspartner abzulesen ist, dient als Reflexionsgrundlage für die Unternehmensleitung. Die Fragen, die diese sich in der Folge stellen muss, sind je nach dem spezifischen Vertrauensprofil des Unternehmens unterschiedlich. Einige Beispiele:

- Woran liegt es, dass es der Kommunikation mit unseren Mitarbeitern an Verständlichkeit und Glaubwürdigkeit mangelt, und warum halten wir die Engagements, die wir eingehen, in den Augen der Mitarbeiter nicht ein?
- Warum sind wir für Informationen, Argumente und Meinungen der Mitarbeiter nicht zugänglicher, und was vermittelt ihnen den Eindruck, dass die Führung unseres Unternehmens nicht klar und beständig sei?

- Wie können wir mehr Sicherheit des Unternehmensbestands und der Beschäftigungsentwicklung vermitteln und unseren Mitarbeitern mehr Raum für Initiativen lassen?
- Sind unsere Beziehungen zu den Arbeitnehmervertretern konstruktiv und fair?
- Was können wir tun, damit das Ansehen unseres Unternehmens unseren Mitarbeitern mehr Stolz vermittelt, und wie erklärt es sich, dass unsere Mitarbeiter nicht das Gefühl haben, dazuzugehören und eine konstruktive Rolle zu spielen?
- Wie können wir die Leistung unserer Mitarbeiter deutlicher würdigen und sicherstellen, dass unser Belohnungssystem gerecht ist?
- Warum funktioniert Teamarbeit in unserem Unternehmen nicht zufriedenstellend, und wie kommt es, dass die Teams in unserem Unternehmen als nicht hochwertig besetzt angesehen werden?
- Wie können wir unsere Wertschätzung der gemeinsamen Leistung der Teams deutlicher ausdrücken?

In den Fällen, in denen sich Unternehmen einer solchen Untersuchung unterzogen hatten und die Unternehmensleitung sich einige der aufgeworfenen Fragen stellen musste, fiel es ihr meistens nicht schwer, Antworten auf die Frage zu finden, wie sich das Vertrauensprofil des Unternehmens verbessern ließe – wenn sie auch oft die skeptische Einschränkung machte, dass man doch bitte erst einmal die Kosten-Nutzen-Relation der zu ergreifenden Maßnahmen prüfen müsse. Meistens stellte sich dann aber heraus, dass die Kosten eher gering waren und der potenzielle Nutzen als beträchtlich eingestuft werden konnte. Als nicht gering erwiesen sich allerdings die erforderlichen Bemühungen der Führungskräfte, sich vertrauenspositiv zu verhalten.

Auch die Analyse des unsichtbaren Vertrags, die Ergebnisse analog zu den Abb. 2, 3 und 4 des Kapitels „Vertrauensbildung im Unternehmen" liefert, öffnet der Unternehmensleitung in den meisten Fällen die Augen im Hinblick darauf, wie weit sich die Einhaltung der Vertragspunkte von dem entfernt hat, was die Mitarbeiter erwarten. Typische Fragen, die sich die Unternehmensleitung dann stellen muss, sind je nach dem ermittelten Bild folgende:

- Was kann das Unternehmen tun, um seine soziale Verantwortung stärker zu beweisen?
- Wodurch wurden die Entscheidungsbefugnisse unserer Mitarbeiter beeinträchtigt, wie können wir ihre aktive Teilhabe an den Entscheidungsprozessen wieder erhöhen, und wie lässt sich das Zuständigkeitsgefühl unserer Mitarbeiter wieder stärken?
- Was muss geschehen, damit sich die organisatorischen Bedingungen in unserem Unternehmen wieder stabilisieren, und welche Rechte der Mitarbeiter und welche Verhaltensnormen müssen bei uns verlässlich sein?

- Wie können wir mehr Raum für die Kreativität unserer Mitarbeiter schaffen und ihre Ideen besser nutzen?
- Wie können wir die Anpassungsfähigkeit des Unternehmens und unserer Mitarbeiter an veränderte Markt- und Wettbewerbsbedingungen erhöhen?
- Wie können wir den übergeordneten Sinn des Tätigkeitsgebiets unseres Unternehmens und damit des Einsatzes unserer Mitarbeiter stärker verdeutlichen?
- Wie können wir Loyalität und Solidarität unter den Mitarbeitern und gegenüber dem Unternehmen stärken?
- Wie können wir sicherstellen, dass der Einsatz unserer Mitarbeiter ihnen attraktivere Chancen im Unternehmen eröffnet?

Je nach dem unternehmensspezifischen Befund und den daraus abzuleitenden Fragen muss sich die Unternehmensleitung damit auseinandersetzen, wie es zu den Abweichungen vom unsichtbaren Vertrag kommen konnte, der im Bewusstsein der Mitarbeiter die Grundlage ihres Vertrauensverhältnisses zum Unternehmen darstellt. In den Unternehmen, die eine solche Untersuchung in Auftrag gaben, erklärte sich aus den bis dahin unsichtbar gebliebenen Vertragsverletzungen, die die Unternehmensleitung im Laufe der Zeit nichtsahnend begangen hatte, warum bei den Mitarbeitern eine Verhaltensweise der Skepsis bis hin zur Kooperationsverweigerung um sich gegriffen hatte. In den meisten Fällen wurde aber auch deutlich, dass es nicht möglich war, zu den unsichtbaren Vertragsbedingungen der Vergangenheit zurückzukehren, weil sich die unternehmensinternen und -externen Verhältnisse inzwischen durchgreifend geändert hatten. Den unsichtbaren Vertrag zwischen dem Unternehmen und den Mitarbeitern so neu zu gestalten, dass darauf aufbauend ein Vertrauensklima entstehen kann, das den aktuellen Herausforderungen gerecht wird, wird heute für viele Unternehmen zu einer der entscheidenden Führungsaufgaben.

Das Gestaltungsziel muss eine vertrauensbasierte Organisation sein, die auch in dem heutigen Umfeld von Unberechenbarkeit, weltwirtschaftlichen Fehlentwicklungen und Markt- und Wettbewerbsumwälzungen Bestand hat.

3 Die Ziele einer vertrauensbasierten Organisation bestimmen

Die Ausgangssituation für die Entwicklung einer vertrauensbasierten Organisation ist nach unserer Erfahrung bei vielen großen Unternehmen verfahren. In ihrem ständigen Ringen um profitables Umsatzwachstum und eine höhere Börsenkapitalisierung, um Innovationsfähigkeit und Produktivitätssteigerung steht die Leitung eines großen Unternehmens vor immer komplexeren Aufgaben. Sie muss beweisen, dass sie die Kostenposition des Unternehmens durch Prozessrationalisierungen, Standortverlagerungen und IT-Systemausbau wettbewerbsfähig hält. Sie muss die Attraktivität ihres Unternehmens für Investoren durch Restrukturierungen, Akquisitionen und das Abstoßen von Unternehmenseinheiten mit unbefriedigendem Ergebnis erhalten oder steigern, ohne selbst zum Übernahmekandidaten zu werden. Und sie muss mit den immer hektischeren Konjunkturschwankungen in den internationalen Marktregionen fertigwerden. Im Innern des Unternehmens hat sie es nicht nur mit solchen Menschen zu tun, die nach rationalen Kriterien agieren. Die Wirtschaftsmagazine sind voll von Storys über Machtrangeleien und Rivalitäten um Führungspositionen, über Führungsfehler, die nicht selten auf Uneinsichtigkeit, Eitelkeiten und Hybris zurückzuführen sind (zum Beispiel: Veröffentlichungen in den 12 Ausgaben 2011 der Managementzeitschrift, Manager Magazin, Hamburg), und über Misstrauen der Beschäftigten in Bezug auf ihre gerechte Teilhabe an den Unternehmensergebnissen (Nur eine Minderheit der Mitarbeiter wird am Gewinn beteiligt 2011). Die Entscheidungsprozesse in den Unternehmen sind zudem oft von Eigeninteressen und Empfindlichkeiten der Involvierten beeinträchtigt, was in vielen Unternehmen auch überhaupt kein Geheimnis mehr ist.

Die Globalisierung des Wettbewerbs mit aufstrebenden neuen Konkurrenten aus den Schwellenländern, die den etablierten Anbietern den Rang abzulaufen drohen, und wachsenden Investitionen vieler der hiesigen Unternehmen in Produktionsstätten in den rapide wachsenden BRIC-Märkten stellt neuartige Anforderungen an Führung und Leistung. Der zunehmende Zeitdruck infolge immer komplexerer Abstimmungs- und Arbeitsprozesse, gesteigert durch den Ausbau leistungsfähiger Informations- und Kommunikationssysteme, erhöht den Stress der Führungskräfte, die sich oft fremdgesteuert und -getaktet fühlen. Zudem haben sich in vielen Unternehmen Vorstellungen von Managementkompetenz verbreitet, die von der Wirtschaftspresse idealisiert werden und in einem seltsamen Gegensatz zu den Erkenntnissen der Organisationspsychologie stehen: Forsches Auftreten, Durchsetzungswille, Machtbewusstsein und Überlegenheit werden oft in einer Weise glorifiziert, dass manche Führungskräfte glauben, diese Eigenschaften sich und „der Welt" beweisen zu müssen, und die längst erwiesenen Vorteile partizipativer Führung nicht nur vermissen lassen, sondern auch als unrealistisch abtun.

Dass sich Vertrauen in einem solchen Umfeld auf dem Rückzug befindet, ist nicht verwunderlich. Seitdem das in ihrer Geschichte gebildete Vertrauenskapital vieler Unternehmen aufgebraucht ist (Gutenberg 1979) und sich die spürbar werdenden Probleme des Vertrauensmangels nicht mehr durch Reengineering, Kontrolle und technische Systeme kompensieren lassen (Greif et al. 2004), wird der Vertrauensschwund immer lauter beklagt, oft mit einem vorwurfsvollen Ton gegenüber denjenigen, die nicht mehr vertrauen, deren Vertrauen aber in Wirklichkeit sukzessive zerstört wurde: gegenüber den Mitarbeitern, den Kunden, den Geschäftspartnern, den Bürgern.

Diese Betrachtung ist in Ihren Augen vielleicht überpointiert, jedenfalls was Ihr Unternehmen anbetrifft. Aber Hand aufs Herz: Kennen Sie den Stand des Vertrauensklimas in Ihrem Unternehmen? Wissen Sie, wie Ihre Mitarbeiter den Grad der Einhaltung des unsichtbaren Vertrags einschätzen und welche Erfolgsreserven Ihres Unternehmens infolge Vertrauensmangels ungenutzt bleiben? Nehmen wir einmal an, dass es da nicht zum Besten bestellt ist und dass Sie sich auf den Weg zu einer vertrauensbasierten Organisation machen wollen. Welches sollten die Ziele sein?

Wir müssen uns zunächst einmal im Klaren sein, dass es eine Reihe von stark lädierten Vertrauenselementen der Vergangenheit gibt, die nicht mehr reparabel sind und bei denen es am besten wäre, sie im Einvernehmen zwischen den Vertragspartnern aufzugeben:

- Dazu gehört das frühere Vertrauen, dass ein bestehender Arbeitsplatz, eine bestehende Aufgabe über unbegrenzte Zeit weiterbestehen wird. Es sollte durch das Vertrauen ersetzt werden, dass die Mitarbeiter bei entsprechender Weiterbildung für neue Aufgaben qualifiziert sein werden – im selben oder in einem anderen Unternehmen.
- Dazu gehört das frühere Vertrauen, dass bestehende Fähigkeiten unbegrenzt ausreichen werden, um einen Arbeitsplatz zu behalten oder einen neuen zu finden. Es sollte durch das Vertrauen ersetzt werden, dass jeder Mitarbeiter rechtzeitig erkennen und entscheiden kann, welche neuen Fähigkeiten er sukzessive erwerben will, um für zukünftige Aufgaben qualifiziert zu sein, und dass das Unternehmen ihm diese Weiterbildung ermöglicht.
- Dazu gehört ferner das frühere Vertrauen, dass das Unternehmen und der Staat die Sicherung der Lebensqualität im Alter gewährleisten können. Es sollte durch das Vertrauen ersetzt werden, dass jeder Mitarbeiter in die Lage versetzt wird, selbst Vorsorge zu treffen, um seine Lebensqualität im Alter zu sichern.
- Dazu gehört schließlich das frühere Vertrauen, dass die Unternehmensleitung als Verhandlungspartner bei der Vereinbarung von Tariflöhnen und Gehaltsstufen einen Ermessensspielraum dafür hat, welcher Anteil des erwirtschafteten Gewinns für die Erhöhung der Personalkosten bereitgestellt werden kann. Es sollte durch das Vertrauen ersetzt werden, dass die Unternehmensleitung mit offenen Karten verhandelt und mit den Mitarbeitern einvernehmlich zu bewerten bereit ist, welche Gewinnanteile eingesetzt werden, um den erforderlichen neuen Fremd- und Eigenkapitalzufluss zu sichern, in die Zukunftssicherung des Unternehmens zu investieren und um zusätzliche Aufwendungen bei den Personalkosten zu tätigen.

Dieses Einvernehmen entsteht in einer vertrauensbasierten Organisation unserer Erfahrung nach dadurch, dass ihre Ziele bekannt und für alle Mitarbeiter nachvollziehbar sind. Das gemeinsame Verständnis der Herausforderungen, Chancen und Gefahren für das Unternehmen ist die Grundlage dafür. In vielen Unternehmen, die wir kennengelernt haben, war das, was an Verständnis vorhanden war, auf unterschiedliche Funktionsbereiche verteilt, die zu wenig miteinander kommunizierten, als dass ein Gesamtbild und Gesamtziel hätte entstehen könnte. Erst durch regelmäßige Gespräche der Führungskräfte konnte das gemeinsame Zielverständnis erarbeitet, von den Führungskräften an ihre Mitarbeiter kommuniziert und in kohärente Teilziele und Teilverantwortungen heruntergebrochen werden. In der ersten dieser Sitzungen des erweiterten Führungskreises hören wir häufig, dass einige der Teilnehmer seit längerer Zeit gar nicht mehr miteinander gesprochen haben. So gilt es oft, zunächst einmal eine Fülle von Vorurteilen und Ressentiments zu überwinden. Nicht in die Entscheidungsprozesse über Ziele involviert gewesen zu sein, sich bevormundet und gegängelt gefühlt zu haben, ist häufig die Ursache dafür, dass die Führungskräfte und ihre Bereiche sich untereinander misstrauen.

Die gemeinsamen Ziele, bei deren Verfolgung ein stark ausgeprägtes Vertrauensklima beträchtliche Vorteile bietet, sind:

- die Erhöhung der *Innovationsleistung* des Unternehmens, um im Innovationswettbewerb, der sich heute in den meisten Branchen abspielt, zu den Gewinnern zu gehören,
- die Sicherung der *Spitzenqualität* der Produkte, Dienstleistungen und der Kundenbetreuung des Unternehmens, um hohes Kundenvertrauen zu gewinnen und die Marktposition zu festigen,
- das Streben nach hoher *Effizienz und Produktivität*, um die Kostenposition des Unternehmens wettbewerbsfähig zu halten, und
- die Wahrung hoher *Flexibilität* des Unternehmens bei der Anpassung an Veränderungen in den Technologien, Märkten und Wertschöpfungsstrukturen.

Aus diesen Zielen lassen sich die Anforderungen an die unternehmensinternen Voraussetzungen und Verhaltensweisen ableiten, bei denen personales Vertrauen und Vertrauen in das Unternehmen als Gesamtsystem eine wichtige oder entscheidende Rolle spielen.

3.1 Innovationsleistung

Viele Unternehmen erkennen heute den Zusammenhang zwischen Innovationsleistung und Vertrauensklima als ausschlaggebend für ihre Zukunftsfähigkeit.

Auch die Bundesministerien für Bildung und Wissenschaft und für Wirtschaft und Technologie erkennen, dass der Erfolg der Technologie- und Innovationsförderung vom Vertrauensklima in den geförderten Unternehmen abhängt. Diese Erkenntnis geht darauf zurück, dass die Erhöhung von Forschungs- und Entwicklungsaufwendungen in vielen Unternehmen nicht dazu geführt hat, die angestrebten Innovationsergebnisse zu erzielen. Nach der Definition von Joseph Schumpeter sind ja nur solche Neuerungen von Produkten, Dienstleistungen, unternehmensinternen Prozessen und Geschäftslogiken Innovationen, die einen neuen Nutzen – eine Nutzeninnovation – für die Kunden darstellen und dadurch bisher bestehende Angebote verdrängen (Schumpeter 1952). Technologische Entwicklungen stellen dabei nur eine der Voraussetzungen für Innovation dar, ihre Umsetzung in innovative Angebote setzt einen Innovationsprozess voraus, in dem mehrere Funktionsbereiche im Unternehmen (insbesondere Forschung & Entwicklung, Marketing, Vertrieb, Produktion, Logistik) bis zur erfolgreichen Marktpenetration eng zusammenwirken. Es stellt sich die Frage, inwieweit dieses Zusammenwirken durch das Vertrauensklima im Unternehmen konditioniert wird.

In einem großen sozial- und organisationspsychologischen Forschungsprojekt, das vom Bundesministerium für Bildung und Forschung und der Europäischen Union gefördert wird – dem Projekt „Grundlagen nachhaltiger Innovationsfähigkeit: Vertrauenskultur und Evolutionäre Wissensprozesse (GI:VE)" –, sind Antworten auf diese Frage erarbeitet worden (www.vertrauenskultur-innovation.de). Eines der Hauptergebnisse der Untersuchungen, die im Rahmen von Analysen in 38 Unternehmen verschiedenster Branchen durchgeführt wurden, lautet: Die wichtigsten Ansatzpunkte für die Steigerung der Innovationsfähigkeit sind dieselben wie für das Vertrauensklima eines Unternehmens, nämlich eine starke Mitarbeiterorientierung mit den Komponenten Partizipation an Entscheidungen, gute Arbeitsbedingungen und eine positive Einstellung der Führungskräfte zu den Mitarbeitern, akzeptierte Ziele und klare Strategien, Anpassungsfähigkeit und Kundenorientierung, offene Kommunikation und gute Koordinationsfähigkeit (Scholl und Kunert 2011).

Das Ziel einer erhöhten Innovationsleistung lässt sich demnach nicht wirkungsvoll verfolgen, ohne die Merkmale einer vertrauensbasierten Organisation zu schaffen. Was das für die Praxis heißt, werden wir unter „Die Vertrauenskaskade auslösen" (Absch. 4 dieses Kapitels) beleuchten.

3.2 Spitzenqualität

Die Intensität, mit der sich Unternehmen um Qualität bemühen, hat sich in den letzten 15 Jahren stark gewandelt. Die 1990er-Jahre waren die Hoch-Zeit des Total

Quality Managements (TQM), in der Qualitätszertifizierung zur Voraussetzung von Geschäftsbeziehungen wurde. Nachdem die TQM-Euphorie abgeklungen war, erkannte man, dass formale Konformität mit vorgegebenen Normen und Prozeduren nicht dazu führt, dass eine Qualitätsmotivation im Unternehmen gelebt wird. Heute entwickelt sich immer mehr ein Qualitätsverständnis, das auf einer vertrauensbasierten Organisation aufbaut, in der Qualität als Konsequenz des Qualitätsbewusstseins der einzelnen Mitarbeiter und ihres Selbstwertgefühls verstanden wird. Wie stark die Ausrichtung auf die Schaffung eines hochwertigen Nutzens für andere ist, muss einem nicht kompromittierbaren inneren Maßstab der Mitarbeiter entsprechen, der aus dem unsichtbaren Vertrag mit dem Unternehmen entspringt.

Das Ziel, die Spitzenqualität der Produkte, Dienstleistungen und der Kundenbetreuung des Unternehmens zu sichern, um hohes Kundenvertrauen zu gewinnen und seine Marktposition zu festigen, lässt sich demnach nicht wirkungsvoll verfolgen, ohne eine vertrauensbasierte Organisation zu schaffen. Was das für die Praxis heißt, werden wir unter „Die Vertrauenskaskade auslösen" (Abschn. 4 dieses Kapitels) genauer betrachten.

3.3 Effizienz und Produktivität

In zahlreichen Untersuchungen sind, wie schon erwähnt, die ökonomischen Effekte eines guten Vertrauensklimas im Unternehmen beschrieben worden. Transaktionskosten, die aus Absicherungsgründen durch bürokratische Formalisierung entstehen, Zeitverluste durch Überprüfungen und Übergabeprozeduren, Verhinderung von sinnvollen Aktionen durch misstrauische Bedenkenträger, Unterlassungen aus Vorsicht, Aufwand für Kontrollen und hierarchische Blockaden gehören zu den Ineffizienzen in den meisten Unternehmen. So haben Analysen von Leistungsprozessen in verschiedenen Unternehmen gezeigt, dass Zuständigkeitsabgrenzungen und Schnittstellen, Misstrauen zwischen Leistungseinheiten und sequenzielle Abstimmungsvorgänge zu Kosten führen, die bis zu einem Drittel der gesamten Kostenstruktur der Produkte und Dienstleistungen ausmachen (Arthur D. Little 1995a). Diese Kosten werden in einer vertrauensbasierten Organisation vermieden – anders ausgedrückt: Bei gegebenem Aufwand ist die Leistung einer vertrauensbasierten Organisation um bis zu 50 % höher.

Unternehmen müssen ihre Produktivität kontinuierlich steigern, um im Kostenwettbewerb mithalten zu können. Dazu sind Wachstum und organisatorische Veränderungen erforderlich, um Mengendegressionseffekte zu realisieren. Die Anpassungsprozesse an diesen Wandel erfolgen in einer vertrauensbasierten Organisation konfliktfreier, kontinuierlicher und effektiver.

In einem weiteren vom Bundesministerium für Bildung und Forschung und von der Europäischen Union geförderten Forschungsprojekt unter dem Titel „Vertrauens-Managementsysteme für Innovations-Kooperationen in Produkt- und Dienstleistungsprozessen (VERMIKO)" wurden Managementansätze entwickelt und erprobt, die den Unternehmen helfen, organisatorische Veränderungen zu bewältigen, ohne das Vertrauensklima zu beschädigen. Diese Ansätze verfolgen das Ziel, in Übereinstimmung mit den Merkmalen einer vertrauensbasierten Organisation die Sensibilisierung der Unternehmensleitung für die vertrauensrelevanten Erwartungen der Mitarbeiter zu erhöhen und so die Veränderungen auf dem Boden von Vertrauen zu managen (Schweer et al. 2011). Als wichtigste Merkmale einer vertrauensbasierten Organisation wurden Transparenz, offene Kommunikation, Zuverlässigkeit, erlebte Wertschätzung und die ehrliche Überzeugung herausgearbeitet, dass sich das Bemühen um Vertrauen lohnt. Diese Merkmale wurden in die entwickelten Managementansätze einbezogen, deren Anwendung in den involvierten Unternehmen zu mehr Flexibilität und Schnelligkeit führt, den Aufwand durch „Vertrauen statt Bürokratie" reduziert und die Bildung dauerhafter Kooperationen verstärkt.

Das Ziel, kontinuierlich die Effizienz und Produktivität des Unternehmens zu erhöhen, lässt sich demnach in einer vertrauensbasierten Organisation wesentlich wirkungsvoller erreichen. Was das für die Praxis heißt, werden wir unter „Die Vertrauenskaskade auslösen" (Abschn. 4 dieses Kapitels) beleuchten.

3.4 Flexibilität

Der schnelle Wandel von Technologien, Märkten und Wertschöpfungsstrukturen, dem sich die Unternehmen heute ausgesetzt sehen, erfordert von ihnen eine hohe Flexibilität der (oft vorauseilenden) Anpassung, um nicht ins Hintertreffen zu geraten. Dabei geht es nicht nur um Innovationsfähigkeit und Produktivitätssteigerung, sondern immer mehr auch darum, neue Geschäftslogiken zu entwickeln, um das sich verändernde Verhältnis von Herstellung und Vertrieb physischer Produkte gegenüber Dienstleistungen, um Kooperationen und Partnerschaften und um die Nutzung von Internet und insbesondere von „Social Media".

Franz Bailom und Alexander Kausl bringen es auf den Punkt. Sie sagen: „Das Scheitern von Unternehmen hat seinen Ursprung in der fehlenden Bereitschaft, bestehende und etablierte Muster mit neuen nachhaltigen Lösungen zu durchbrechen. Die Geschäftslogik der Zukunft muss diesen etablierten Mustern entgegenwirken" (Bailom und Kausl 2011). Diese fehlende Bereitschaft entsteht in vielen Unternehmen aus der Angst davor, eine kurzfristige Sicherheit gegen eine noch nicht abgesicherte Zukunft zu tauschen. Ein Element der Verunsicherung ist das Misstrauen, dass sich im Wandel manche im Unternehmen und im Markt opportunistisch verhalten und daraus einen Vorteil zulasten der anderen ziehen könnten.

Jeder, der in Denk- und Entscheidungsprozesse in einem Unternehmen involviert ist, hat die Erfahrung gemacht, dass es umso schwerer fällt, zu einem für alle Beteiligten guten Ergebnis zu kommen, wenn ein Misstrauensklima herrscht. Selbst quantifizierbare Vorteile einer Veränderung reichen dann nicht aus, um Übereinstimmung zu erzielen. Selbst wenn eine Person im Endeffekt „das Sagen hat" und eine Entscheidung erzwingt, so ist die Energie für das Neue nicht gesichert, oft ist sogar eher das Gegenteil der Fall. Eine gemeinsame Veränderungsbereitschaft und die gemeinsame Entschlossenheit für eine neue Geschäftslogik erfordert, dass die Beteiligten einander im Einzelnen und in der Gesamtheit vertrauen.

Auch das Ziel, die Flexibilität des Unternehmens zu erhöhen, lässt sich demnach nicht nachhaltig verfolgen, ohne eine vertrauensbasierte Organisation zu schaffen. Was das für die Praxis heißt, werden wir ebenfalls unter „Die Vertrauenskaskade auslösen" (Abschn. 4 dieses Kapitels) beleuchten.

Das Unternehmen zu einem sozialen System mit einem ausgeprägten Vertrauensklima werden zu lassen, ist daher ein wichtiges Zwischenziel auf dem Weg zu den Unternehmenszielen der Innovationsfähigkeit, der kontinuierlichen Effizienz- und Produktivitätssteigerung, der intrinsischen Qualitätsverantwortung und der Flexibilität der Geschäftslogik in einem komplexen und dynamischen Umfeld.

Fallbeispiel 6: Wie funktioniert eine vertrauensbasierte Organisation?

Die Abb. 1, 2 und 3 zeigen das Profil des Vertrauensklimas und des unsichtbaren Vertrags im Unternehmen H, einem aufstrebenden internationalen IT-Dienstleister, der auf dem Weg schon weit vorangekommen ist.

Oberste Priorität des Vertrauensklimas haben in diesem Unternehmen (Abb. 1) die Merkmale der Kommunikation: die Verständlichkeit und Glaubwürdigkeit der Aussagen der Unternehmensleitung und aller Führungskräfte, die Einhaltung der eingegangenen Engagements, die Klarheit und Beständigkeit der Führung sowie deren Zugänglichkeit für Informationen, Argumente und Meinungen der Mitarbeiter. Ebenso wichtig sind hier die Klarheit der Regeln und Werte, ihre Respektierung und der Raum für Initiativen der Mitarbeiter. Im Ergebnis ist die Identifikation der Mitarbeiter mit dem Unternehmen stark, ebenso wie ihr Gefühl, einer Gemeinschaft anzugehören.

Bei der Zukunftsperspektive schwingt in diesem Unternehmen (wie heute in vielen anderen Unternehmen) die Krisengefahr mit. In der Auseinandersetzung zwischen der Unternehmensleitung und den Arbeitnehmervertretern über die

Merkmale \ Bewertung	sehr schwach (0)	schwach (1)	mittel (2)	stark (3)	sehr stark (4)
1. Kommunikation					
– Verständlichkeit und Glaubwürdigkeit der Aussagen der Unternehmensleitung und des direkten Vorgesetzten					●
– Einhaltung von eingegangenen Engagements					●
– Klarheit und Beständigkeit der Führung					●
– Zugänglichkeit der Führung für Informationen, Argumente und Meinungen					●
2. Zukunftsperspektive					
– Bestand des Unternehmens			●		
– Sicherheit der Beschäftigung			●		
– Krisensicherheit		●			
3. Verlässlichkeit der Spielregeln					
– Klarheit der Regeln und Werte					●
– Respektieren der Regeln und Werte					●
– Raum für Initiative					●
– Beziehung der Sozialpartner				●	
4. Identifikation mit dem Unternehmen					
– Ansehen des Unternehmens				●	
– Gefühl, dazuzugehören				●	
– Größe des gemeinsamen Vorhabens					●
5. Wertschätzung durch das Unternehmen					●
– Fähigkeit, den eigenen Beitrag zu erkennen					
– Anerkennung der eigenen Leistung					●
– Gerechtheit der Belohnung				●	
– Möglichkeit der Selbstverwirklichung					●
6. Zugehörigkeit zu einer Gemeinschaft					
– Teamarbeit					●
– Qualität der Teams					●
– Teilhabe am gemeinsamen Ziel					●
– Wertschätzung der gemeinsamen Leistung					●
MITTELWERT				**3.8**	

Abb. 1 Vertrauensprofil des Unternehmens H mit stark ausgeprägtem Vertrauensklima

Vertragstitel/Vertragspunkt \ Bedeutung	sehr niedrig	niedrig	mittel	hoch	sehr hoch
1. Prestige					
– technisches Prestige				●	
– soziales Prestige					●
– Renommee des Unternehmens				●	
2. Handlungsspielraum					
– Entscheidungsbefugnisse				●	
– Zuständigkeitsgefühl					●
– Führungsverantwortung				●	
3. Flexibilität					
– Kreativität				●	
– Anpassungsfähigkeit					●
– Zukunftsorientierung					●
4. Zugehörigkeit					
– persönliches Wertbewusstsein durch Einsatz				●	
– Kameradschaft und Gemeinsamkeit					●
– Gefühl, eine konstruktive Rolle zu spielen					●
5. Höhere Sache					
– Ehrbarkeit des Tuns				●	
– sinngebende Ausrichtung					●
– Loyalität und Solidarität				●	
6. Sicherheit					
– Sicherheit der Lebensqualität				●	
– Zuverlässigkeit der organisatorischen Bedingungen					●
– Schutz durch Rechte und Verhaltensnormen					●
7. Materielle Würdigung					
– Lohn der Leistung				●	
– Chancen des Einsatzes					●
– Vergleichbarkeit			●		

Abb. 2 Profil des unsichtbaren Vertrags im Unternehmen H mit stark ausgeprägtem Vertrauensklima

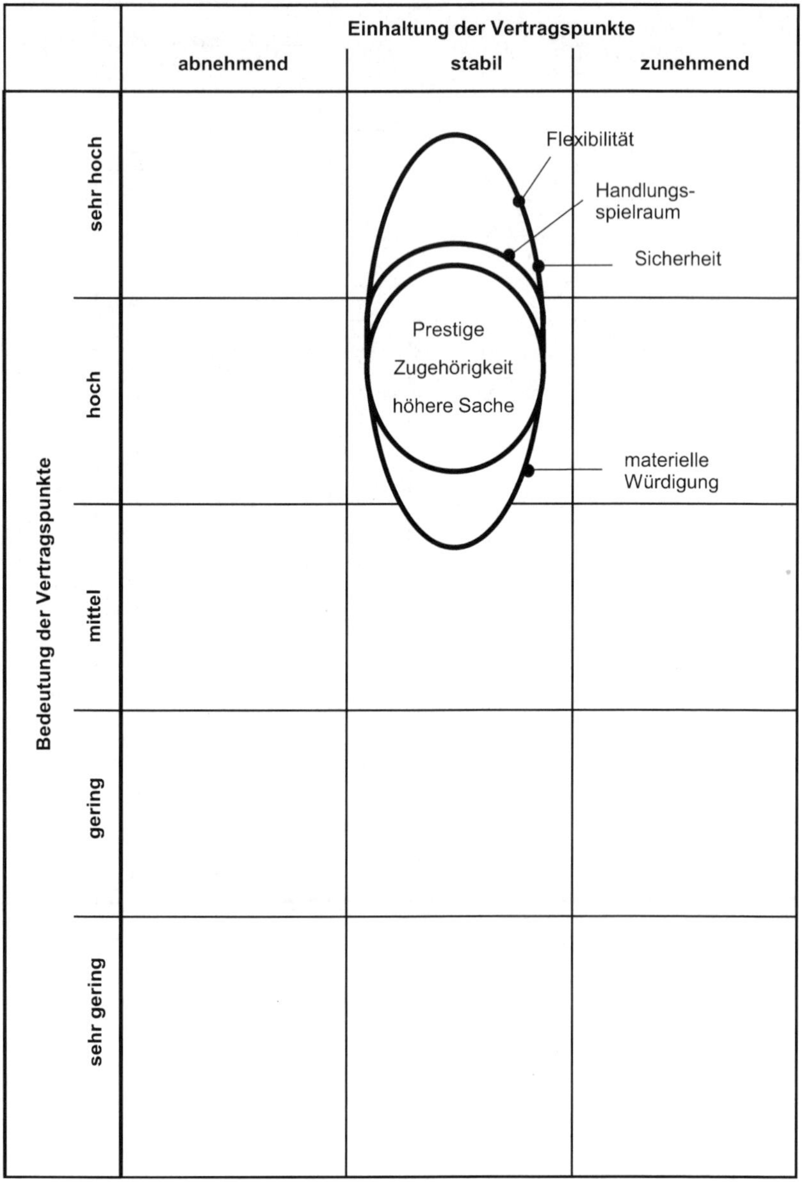

Abb. 3 Bedeutung der Punkte des unsichtbaren Vertrags und ihre Einhaltung in einer vertrauensbasierten Organisation

Gerechtheit der Belohnung führt die Beurteilung der erforderlichen Vorsorge für Krisen auch in diesem Unternehmen immer wieder zu Differenzen. Diese Differenzen sind auch in den unsichtbaren Vertrag eingegangen. Dessen entscheidendes Charakteristikum ist jedoch, dass alle Vertragstitel und Vertragspunkte stabil sind und dass sowohl die Unternehmensleitung als auch die Mitarbeiter ihnen eine hohe bis sehr hohe Bedeutung beimessen (Abb. 2 und 3).

Eine Ausnahme bildet die Vergleichbarkeit der materiellen Würdigung, deren Bedeutung nur als mittelmäßig eingestuft ist. Warum ist das so? Die Unternehmensleitung hat die Erfahrung gemacht, dass die völlige Transparenz über Gehälter, Boni und Einzelregelungen im Unternehmen nicht etwa zu allgemeiner Zufriedenheit führte, sondern immer wieder Misstöne aufkommen ließ. Denn die Bewertung der unterschiedlichen Aufgaben und der aufgabenspezifischen Qualifikationen und Leistungen der Mitarbeiter ließ sich nur begrenzt vergleichbar machen, sodass einzelne Mitarbeiter bei völliger Transparenz an der Einschätzung ihrer Qualifikation und Leistung gegenüber der von anderen immer wieder etwas auszusetzen hatten. Die Unternehmensleitung nahm es deshalb schließlich in Kauf, ihre Bewertungen nach der Bedeutung von Qualifikationen und Leistungen für das Unternehmen vorzunehmen und die Details vertraulich zu halten. Aufgrund ihrer ansonsten anerkannten Vertrauenswürdigkeit konnte sie davon ausgehen, dass die Mitarbeiter ihr in diesem Punkt keine Ungerechtigkeiten anlasteten.

4 Die Vertrauenskaskade auslösen

Vertrauen fängt im Kopf an und äußert sich dann im Verhalten, in Entscheidungen und Handlungen. Übertragen auf das Unternehmen bedeutet das: Das Vertrauen muss in der Unternehmensleitung – und hier beim Vorsitzenden der Unternehmensleitung – anfangen, ehe es in die Organisation diffundieren und sich zu einem Vertrauensklima in der ganzen Organisation ausweiten kann, das zu veränderten Verhaltensweisen führt.

Wir haben einen Fall erlebt, in dem der Vorsitzende der Unternehmensleitung befunden hatte, dass die Mitarbeiter aus den verschiedenen Abteilungen des Unternehmens deswegen nicht effektiv und konstruktiv genug zusammenarbeiteten, weil es in der Organisation an Vertrauen mangele. Sein Beschluss bestand darin, von der Personalabteilung Schulungsseminare organisieren zu lassen, in denen Organisationspsychologen den Mitarbeitern die Vorteile von Vertrauen verständlich machen sollten. Dass er selbst mit seinen Vorstandskollegen in der Organisation kein Vertrauen genoss und dass daher alles Gerede über Vertrauen als „Schmu“ empfunden wurde, war ihm nicht bewusst.

Die Entwicklung hin zu einer vertrauensbasierten Organisation mit ihren Performance-Vorteilen kann unserer Erfahrung nach nur beginnen, wenn der Vorsitzende der Unternehmensleitung persönlich verstanden und verinnerlicht hat, wie er selbst für seine Kollegen in der Unternehmensleitung vertrauenswürdiger werden kann und welche positiven Veränderungen das in seinem direkten Umfeld zu bewirken verspricht – wenn ihm also klar geworden ist, welche Voraussetzungen er selbst erfüllen muss, damit ein Vertrauensklima entstehen kann, und wenn er voll von dem Vertrauen durchdrungen ist, die Unternehmensziele dadurch unvergleichlich besser erreichen zu können. Dann erst ist er in der Lage, seine Kollegen in der Unternehmensleitung dafür zu gewinnen, sich ernsthaft mit dem Thema Vertrauen zu beschäftigen, in der Hoffnung, dass sich auch bei ihnen die meist durch lange Erfahrung tief sitzende Skepsis gegenüber Vertrauen als überwindbar erweist.

Wir wissen, wie gefährlich der Versuch sein kann, die direkten Führungskollegen sozusagen aus heiterem Himmel zu einem neuen Vertrauensverhältnis zu bewegen. Schon ihnen zu unterstellen, dass sie sich bisher miteinander und gegenüber ihren Mitarbeitern nicht vertrauensvoll verhalten haben, kann ihre Ablehnung hervorrufen. Schließlich meint eine erfolgreiche Führungskraft, selbst zu wissen, was Vertrauen ist und wie man es dosiert, um die eigenen Ziele zu erreichen und persönliche Risiken klein zu halten. Eine eingespielte Führungsmannschaft hat zudem ihren unsichtbaren Vertrag etabliert, dessen Modifizierung für jeden der Beteiligten ein Risiko ist, ein neuer „Deal“, dessen Vorteile erst für jeden von ihnen deutlich werden müssen.

Unserer Erfahrung nach bedarf es zweier Einwirkungen, um eine Vertrauenskaskade in Bewegung zu setzen: der aus eigenem Verständnis gewachsenen Einsicht jedes Mitglieds der Unternehmensleitung, dass es sich lohnen könnte, auf Vertrauen zu vertrauen, und einer konkreten Führungsherausforderung für die Unternehmensleitung insgesamt, bei der es sich bewähren könnte, wenn die Mitglieder der Unternehmensleitung einander stärker vertrauten.

Die aus ihrem eigenen Verständnis gewachsene Einsicht kann durch einen Dialog über Vertrauensklima und dessen Merkmale und über die Realität und Wirkung des unsichtbaren Vertrags entstehen. Sie kommt bei manchen Führungskräften recht bald, bei anderen erst allmählich, bei wieder anderen unserer Erfahrung nach zugegebenermaßen gar nicht. Damit ist kein menschliches, intellektuelles oder moralisches Werturteil verbunden, es ist mehr eine Frage von Welten. Wir haben Führungskräfte erlebt, die uns anhand ihrer intensiv erlebten Herausforderungen und Erfolge davon zu überzeugen versuchten, dass Vertrauen keine, Kompetenz

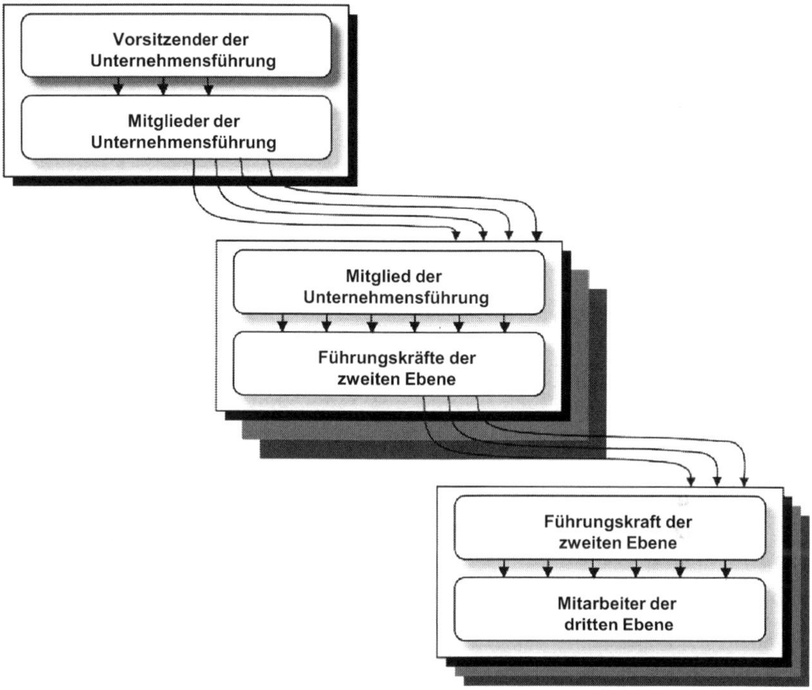

Abb. 4 Die Vertrauenskaskade im Unternehmen (Beispiel eines Unternehmens mit drei hierarchischen Ebenen)

dagegen die entscheidende Rolle spiele. Ebenso sind uns Führungskräfte bekannt, die vertrauenswürdig und vertrauend in größte unternehmerische Schwierigkeiten gerieten. Das muss gesagt werden, damit nicht eine simple Kausalität unterstellt wird, dass ein gutes Vertrauensklima bereits Erfolg gewährleiste. Wir können aber im Rückblick auf die vielen uns bekannten Fälle sagen, dass ein gutes Vertrauensklima die Erfolgschancen von Unternehmen erhöht, während das Fehlen von Vertrauen im Unternehmen den Keim eines organisationalen Burnouts in sich trägt. Daher muss eine Führungsmannschaft es als äußerst bedenklich einstufen, wenn sie nicht zu der gemeinsamen Einsicht gelangen kann, dass auf dem Weg zu einer vertrauensbasierten Organisation die erste entscheidende Stufe der Vertrauenskaskade darin bestehen muss, dass sich das Vertrauensklima auf ihrer eigenen Ebene verbessert (s. Abb. 4).

Eine konkrete Führungsherausforderung, bei der sich ein gutes Vertrauensklima in der Unternehmensleitung bewähren kann, ist in vielen Unternehmen die Innovationsleistung. Deren Abhängigkeit vom Vertrauensklima im Unternehmen sehen die meisten Führungskräfte heute unschwer ein. Sie sind daher im Interesse einer Steigerung des Innovationserfolgs dafür zu gewinnen, sich mit den Anforderungen der Vertrauensbildung auseinanderzusetzen.

Wenn auf der obersten Führungsebene die Bereitschaft entstanden ist, sich einer Analyse des Vertrauensklimas und des unsichtbaren Vertrags zu unterziehen, ist der Weg frei, um die erste Stufe der Vertrauenskaskade zu nehmen. Selbst in Fällen, in denen die Mitglieder der Unternehmensleitung anfangs der Meinung waren, dass zwischen ihnen wohl keine Überraschungen zu erwarten seien, deckte die Befragung nach dem Vertrauensprofil und dem unsichtbaren Vertrag deutliche Schwachpunkte auf. Das betraf insbesondere die Kommunikation untereinander, die Verlässlichkeit des Verhaltens in schwierigen Situationen und das Zugehörigkeitsgefühl zu einer Gemeinschaft, wie sie das Führungsteam ja füreinander darstellen müsste. So ist die Reaktion auf die anonymisierten und aggregierten Befragungsergebnisse meist zunächst Erstaunen, das von kritischen Nachfragen gefolgt wird, um dann sozusagen ruck, zuck die Konsequenzen in Richtung eines besseren Vertrauensklimas ziehen zu wollen.

Wir müssen jedoch immer wieder darauf bestehen, Vertrauensbildung nicht als etwas zu betrachten, das wie ein Investitions- oder Organisationsvorhaben beschlossen werden kann. Vielmehr erfordert sie die Bereitschaft, sich im Verhalten untereinander geduldig und tolerant um gegenseitiges Vertrauen zu bemühen und die Erfahrung zu machen, welchen Unterschied es bewirkt, wenn man vertrauensvoll zusammenarbeiten kann. Gerade in Situationen, in denen Argumente gegeneinander stehen und risikoreiche Entscheidungen zu treffen sind, muss sich erweisen, dass Vertrauen möglich ist und einen spürbaren Unterschied im Zusammenwirken und in der Qualität der Entscheidungen bewirkt.

Wenn sich das Vertrauensklima in der Unternehmensleitung zu stabilisieren beginnt, kann die nächste Stufe der Vertrauenskaskade angegangen werden, für die jedes Mitglied der Unternehmensleitung die Verantwortung in seinen Zuständigkeitsbereichen übernehmen muss. Hier geht es darum, dass jeder ausgehend von seiner eigenen Erfahrung die direkt an ihn berichtenden Bereichsleiter dafür gewinnt, sich mit dem Thema des Vertrauensklimas auseinanderzusetzen. Es ist offensichtlich, dass die Voraussetzung dafür seine eigene Vertrauenswürdigkeit ist, die nur zustande kommt, wenn sich der Wandel auf der Ebene der Unternehmensleitung bereits sichtbar und nachhaltig vollzogen hat. Die Analyse des Vertrauensklimas und des unsichtbaren Vertrags in der Beziehung jedes der Mitglieder der Unternehmensleitung mit den direkt an ihn berichtenden Führungskräften verläuft ähnlich wie auf der Ebene der Unternehmensleitung, und die anonymisierten, aggregierten Ergebnisse der Führungskräftegespräche durch einen neutralen Dritten müssen von den Betroffenen ähnlich „verdaut" werden wie zuvor von den Mitgliedern der Unternehmensleitung. Die Vertrauensbereitschaft, die ihnen ihr Vorgesetzter entgegenbringt, wirkt in den meisten Fällen als Signal, dass sich im Vertrauensklima tatsächlich etwas ändert, was der Bewältigung ihrer konkret anstehenden Aufgaben entgegenkommt. Auch hier sollte kein Druck ausgeübt werden, die Defizite im aufgedeckten Vertrauensprofil von heute auf morgen zu beseitigen, denn die Vertrauensbildung kann sich nur im Laufe der Zeit in der täglichen Zusammenarbeit entwickeln. Auch wäre es unrealistisch, davon auszugehen, dass es keine Rückschläge geben wird, die mit Vertrauen in die Wirkung von Vertrauen wieder „ausgebügelt" werden müssen.

Die dritte Stufe der Vertrauenskaskade besteht darin, dass die Führungskräfte, die an die Mitglieder der Unternehmensleitung berichten (z. B. die Bereichsleiter), in ihrem Zuständigkeitsbereich die Verantwortung für die Vertrauensarbeit mit den Mitarbeitern übernehmen, die wiederum direkt an sie berichten. In mittelständischen Unternehmen sind wir bei der dritten Stufe oft schon auf der Ebene der Fach- und Sachbearbeiter angekommen und haben damit die Grundlagen für die Entwicklung der vertrauensbasierten Organisation insgesamt geschaffen, deren Vertrauensprofil fortan einmal im Jahr unternehmensweit erhoben und für weitere Verhaltenskorrekturen genutzt werden muss.

Die konkreten vertrauensabhängigen Aufgaben im Unternehmen, insbesondere die Steigerung der Innovationsleistung, erfordern in den meisten Unternehmen einen Wandel von reaktivem Denken und Verhalten, das von Misstrauen dominiert wird, hin zu integrativem Denken und Verhalten, das von Vertrauen in die gemeinsame Einsatzbereitschaft und Stärke getragen wird. Reaktives Management, das wir in vielen Unternehmen erleben, zielt darauf ab, sichtbare Gefahren und Risiken zu minimieren und naheliegende Opportunitäten möglichst günstig zu ergreifen. Risiken und Opportunitäten werden dabei meistens isoliert betrachtet und angegangen – ohne die Wechselbeziehungen zu berücksichtigen. So bedingt die Bekämpfung von Gefahren und Risiken häufig, dass Opportunitäten nicht gesehen werden und verloren gehen. Integratives Management dagegen baut auf dem Vertrauen auf, dass alle zusammen die Position des Unternehmens für die Zukunft stärken wollen und können und dass sie die Zukunft nicht erleiden müssen, sondern mitgestalten können. Unternehmen, in denen ein solches Vertrauensklima herrscht, sind in der Lage, ihre Strukturen und ihre Geschäftslogik kontinuierlich weiterzuentwickeln. Integratives Management bewirkt eine auf gemeinsames (organisationales) Lernen ausgerichtete Abstimmung aller Leistungseinheiten im Unternehmen.

Wie geht das?

Viele Unternehmen sind heute durchstrukturiert und ablauforganisatorisch festgelegt wie in einer Planwirtschaft leidigen Angedenkens. Ihre Leistungserbringung ist oft auch entsprechend. Die einzelnen Organisationseinheiten gebärden sich wie Verhandlungspartner, die sich gegenseitig Leistungen liefern oder abverlangen und an den Schnittstellen Überprüfungs- und Absicherungsaufwand betreiben. Dieses mühselige Leistungsgeflecht ist dann noch überlagert von einer zentralen Steuerung und Kontrolle, die die Mechanik des Geschehens mit immer detaillierteren Anweisungen und Regelungen zusammenzuhalten versucht. Misstrauen wird zum Prinzip. In vertrauensbasierten Organisationen dagegen herrscht ein grundsätzlich anderes Verständnis der Rolle von Organisationseinheiten und Funktionsbereichen: Bei ihnen stehen nicht die Schnittstellen in einem sequenziellen Prozess im Mittelpunkt, sondern die Beiträge zu einer gemeinsamen Leistung, für deren Erfolg im Markt sich alle Beteiligten verantwortlich fühlen (Arthur D. Little 1995b). Angewandt auf die Innovationsherausforderung, die die Unternehmen heute bewältigen müssen, heißt das: Der Innovationsprozess kann nicht mehr als ein sequenzielles Durchlaufen einzelner Funktions- und Verantwortungsbereiche verstanden werden, die jeweils in kritischer Abgrenzung zu den anderen agieren, sondern muss als eine Systemleistung aller Funktionsbereiche von der Ideenfindung bis zum Markterfolg betrachtet werden (Arthur D. Little 1997).

Die Verwirklichung eines neuen Kundennutzens und die damit zu erzielende Marktpenetration geschehen in vertrauensbasierten Organisationen, wie wir sie in erfolgreichen innovativen Unternehmen finden, unter Mitwirkung aller Funktions- und Verantwortungsbereiche sowohl bei der Ideenfindung und der markt- und fertigungsgerechten Entwicklung innovativer Lösungen als auch bei der Marktkommunikation und der Sicherung des ökonomischen Innovationserfolgs (s. Abb. 5).

Fallbeispiel 7: Innovationsleistung durch Vertrauensklima

Das Unternehmen I, ein großer Hersteller von Elektrowerkzeugen, hatte noch in den 1980er- und 1990er-Jahren aufgrund mehrerer Produktinnovationen in seiner sehr speziellen Marktnische und dank seines Direktvertriebs an Gewerbebetriebe einen enormen Auftrieb verzeichnen können. Dabei war ihm das rapide Wachstum des Anwendungssegments, aus dem es auch seine Vertriebsbeauftragten rekrutierte, zugute gekommen. Seit einigen Jahren wuchs das Geschäft jedoch deutlich langsamer. Wettbewerber aus den unteren Preissegmenten, die nicht direkt, sondern über Baumärkte verkauften, waren in die Qualitätsseg-

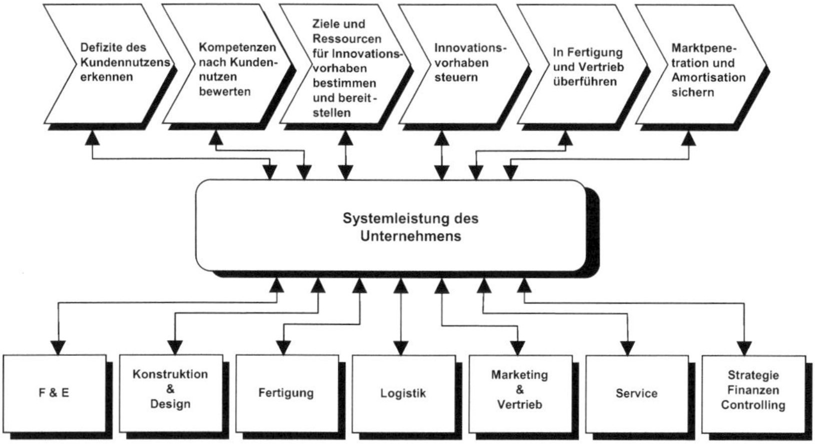

Abb. 5 Der Innovationsprozess als Systemleistung setzt Systemvertrauen im Unternehmen voraus

mente vorgedrungen, und die Gewerbekunden kauften zunehmend über den Handel. Das Unternehmen I verlor zusehends an Differenzierung.

Der Unternehmensleitung war bewusst, dass das Unternehmen in den vergangenen Jahren keine nennenswerten Produktinnovationen mehr hervorgebracht hatte, die neue Impulse hätten auslösen können. Während früher die bahnbrechenden Produktideen vom Unternehmensgründer selbst gekommen waren, hatten die Mitglieder der Unternehmensleitung des inzwischen zum Konzern herangewachsenen Unternehmens keine unmittelbare Markt- und Anwendungserfahrung. Zwar gaben sie viel Geld für Forschung und Entwicklung aus, aber die Vertriebsmitarbeiter hatten kein Vertrauen, dass die F&E-Kollegen die Kundenprobleme überhaupt verstanden. Die F&E-Mitarbeiter befanden ihrerseits, dass sich die Vertriebsmitarbeiter im Markt nicht engagiert genug für die neuen Produktentwicklungen einsetzten und meistens nur mit Nischenideen kamen, wenn Wettbewerber wieder einmal ein „Gadget" auf den Markt gebracht hatten.

In der Vergangenheit hatte der Unternehmensgründer nicht nur die Innovationsideen selbst hervorgebracht und deren Umsetzung in erfolgreiche Produkte überwacht, er hatte auch jegliches Interesse daran vermissen lassen, dass andere im Unternehmen ihm mit Innovationsideen kamen. Die F&E-Mitarbeiter waren Ausführungsgehilfen seiner Ideen gewesen, und der F&E-Leiter hatte dafür geradegestanden und keine Mühen gescheut, selbst sehr kühne Ideen des Chefs zu verfolgen. Nicht immer mit Erfolg. Aber die Flops hatte man stillschweigend weggesteckt. Seit dem Ausscheiden des Unternehmensgründers, der in den Aufsichtsrat gewechselt hatte, und dem Nachrücken des bisherigen Finanzvorstands in die Position des Vorstandssprechers war die Ideenquelle versiegt, zunächst ohne dass ein Unterschied zu merken gewesen wäre. Die Vorstandsmitglieder, die bis dahin jeweils im direkten Arbeitsverhältnis mit dem Unternehmensgründer „gespurt" hatten, trauten ihrem bisherigen Vorstandskollegen nicht zu, das Zeug zum Vorstandssprecher zu haben, und waren nicht darauf eingespielt, Führungsfragen miteinander auszudiskutieren und Entscheidungen abzustimmen. Die Arbeit im Vorstand wurde kontrovers und aufwendiger, besonders für den Vorstandssprecher, der von der Unnachgiebigkeit seiner Vorstandskollegen bei erforderlichen Einigungsprozessen überrascht war und ihnen vorwarf, die Unternehmensinteressen zu missachten.

Inzwischen liefen in der Forschung und Entwicklung die Projekte zwar unter beträchtlichem Druck weiter, es bestand jedoch allgemeine Unsicherheit, ob man in Bezug auf die Anforderungen und Prioritäten der Märkte an den richtigen Themen arbeitete. Die Klagen der Vertriebsmitarbeiter nahmen jedenfalls zu, dass die Differenzierung gegenüber den Wettbewerbsprodukten geringer wurde und dass sie die Auswahl der zu verfolgenden F&E-Projekte nicht nachvollziehen konnten. Die Marktbedingungen veränderten sich besonders in den ausländischen Märkten, und das Unternehmen schien nicht in der Lage zu sein, auf die daraus resultierenden Anforderungen flexibel genug zu reagieren.

In Gesprächen des Vorstandssprechers mit Mitarbeitern aus den verschiedenen Funktionsbereichen wurde deutlich, dass ihnen nicht klar war, nach welchen Kriterien Innovationsideen gesucht wurden, wer mit der Suche beauftragt war und von wem und wie abgegebene Innovationsideen weiterverfolgt wurden. Die Mitarbeiter hatten den Eindruck gewonnen, dass die Unternehmensleitung sich selbst nicht einig war. Das für Entwicklung zuständige Mitglied der Unternehmensleitung war bekannt dafür, ohnehin nicht viel von der „Einmischung" anderer in die Entwicklungsplanung zu halten, und der Vertriebsleiter interessierte sich in erster Linie für die Zahl der Kundenbesuche und das akquirierte Auftragsvolumen pro Vertriebsmitarbeiter. Die Tatsache, dass die Umsatzziele mit den etablierten Produkten immer schwerer zu erreichen waren, ließ die Vertriebsmitarbeiter daran zweifeln, dass das Geschäftsmodell des Unternehmens noch zukunftsfähig war.

Dem Vorstandssprecher wurde klar, dass er sich mit seinen Vorstandskollegen zunächst einmal verständigen musste, dass die Innovationsstrategie des Unternehmens vom Vorstand insgesamt verantwortet werden musste. Denn die Herausforderungen einer Innovationskultur waren inzwischen, so schien es ihm, anders gelagert als zu Zeiten des Unternehmensgründers; sie erforderten eine viel stärkere Beteiligung aller Funktionsbereiche, insbesondere die Koordination von Marketing und Vertrieb mit der Forschung und Entwicklung und die Einbeziehung aller Mitarbeiter in die Ideensuche. Mithilfe eines Coaches erarbeitete man die Erkenntnis, dass auf Vorstandsebene ein von allen getragenes Vertrauensklima erforderlich war, um einen Kulturwandel im Unternehmen zu ermöglichen. Dazu entwickelte der Vorstand ein Konzept, wie der Innovationsprozess von der Ideengewinnung bis zur Markteinführung innovativer Lösungen ablaufen sollte. Dem für F&E verantwortlichen Vorstandsmitglied wurde bei dieser gemeinsamen Arbeit klar, dass die Suche nach Kundenbedürfnissen und Nutzendefiziten der bestehenden Produkt- und Serviceangebote nicht ohne eine enge Kooperation mit den Marketing- und Vertriebsmitarbeitern erfolgen konnte. Das für Marketing und Vertrieb verantwortlichen Vorstandsmitglied erkannte, dass es neben der Erfüllung der Umsatzziele auch zu seinen Aufgaben gehörte, die sich abzeichnenden Kundenbedürfnisse aktiv zu erforschen, und dass er dafür seine Mitarbeiter gewinnen musste. Beide Seiten mussten, so erkannten sie, die kontinuierliche und kooperative Kommunikation ihrer Verantwortungsbereiche organisieren und selbst vorleben. Ebenso wie sie sich auf Vorstandsebene von Misstrauen und Abgrenzung zu einer neuen Vertrauensbasis hin bewegten, wollten sie den kollektiven Innovationsprozess im Unternehmen durch ein Vorgehen implementieren, das die Mitarbeiter stärker für die Suche nach Innovationsideen motivieren sollte. Gemeinsam entwickelten sie ein Auswahlverfahren für die Innovationsideen, die man weiterverfolgen wollte, und definierten dafür die Such- und Bewertungskriterien in Übereinstimmung mit der klar ausformulierten Innovationsstrategie.

Der Verhaltenswandel im Vorstand und die offene Kommunikation über die Herausforderungen, denen das Unternehmen auf neue Weise begegnen wollte, lösten im Unternehmen nach einer Phase des skeptischen Abwartens wachsende Bereitschaft aus, sich aktiv am Innovationsprozess zu beteiligen. Diese Bereitschaft entsprang in starkem Maß der Erleichterung der Mitarbeiter, dass durch den sich anbahnenden Wandel des Vertrauensklimas im Unternehmen ein wesentlicher Vertragstitel des unsichtbaren Vertrags erneut Gültigkeit erlangte, der in den letzten Jahren immer mehr gefährdet schien: einem renommierten Unternehmen anzugehören.

Fazit: Mit Vertrauen geht es viel besser!

Unternehmen mit einem ausgeprägten positiven Vertrauensklima sind leistungsfähiger, innovativer, flexibler und schneller als solche, in denen kein Vertrauen herrscht. Das ist durch viele organisationspsychologische Untersuchungen und konkrete Unternehmensbeispiele nachgewiesen. Ob ein Unternehmen die Vorteile eines solchen positiven Vertrauensklimas genießt oder nicht, ist nicht schicksalsgegeben, sondern kann von Ihnen als Führungskraft beeinflusst werden. Die Qualität des Vertrauensklimas ist messbar, und die Bedingungen dafür sind machbar.

Drei entscheidende Einflüsse wirken auf das Vertrauensklima im Unternehmen ein:

- Ihr Führungsverhalten und das Ihrer Kollegen,
- die unternehmensexternen wirtschaftlichen und gesellschaftlichen Bedingungen und
- die Verlässlichkeit des unsichtbaren Vertrags zwischen Ihrem Unternehmen und seinen Mitarbeitern.

Weil Ihr Unternehmen heute in einem Umfeld ständigen Wandels und zunehmenden Misstrauens agieren und sich durch internen Wandel immer wieder darauf einstellen muss, sind die bisherigen Führungsansätze für die Vertrauensbildung nicht mehr ausreichend. Wir haben Ihnen in diesem Buch drei Aktionsfelder verdeutlicht, in denen Sie sich als Unternehmensführer auf die neuen Anforderungen der Vertrauensbildung einstellen müssen:

- *Aktionsfeld 1* ist die Kenntnis und bewusste Berücksichtigung der in Abschn. 2 des Kapitels „Faktoren der Vertrauensbildung" beschriebenen sechs Hauptmerkmale des Vertrauensklimas. Das Zustandsprofil des Vertrauensklimas Ihres Unternehmens lässt sich anhand dieser Merkmale messen und von Ihnen positiv verändern.

T. Sommerlatte, J.-L. Fallou, *Quintessenz der Vertrauensbildung*, Quintessenz-Reihe,
DOI 10.1007/978-3-642-31385-1_7, © Springer-Verlag Berlin Heidelberg 2012

- *Aktionsfeld 2* sind die Persönlichkeits- und Verhaltensmerkmale der einzelnen Führungskräfte, also auch Ihre, die durch Selbstbeobachtung, aber auch durch bewusste Selektion in Richtung auf ein positives Vertrauensklima hin verändert werden können. Sie sind in Abschn. 1 des Kapitels „Vertrauensbildung im Unternehmen" beschrieben. Das Profil der einzelnen Führungskraft, also auch das Ihre, in Bezug auf Vertrauenswürdigkeit und Vertrauensfähigkeit lässt sich bestimmen und beeinflussen.
- *Aktionsfeld 3* ist die Kenntnis und Entwicklung des unsichtbaren Vertrags zwischen dem Unternehmen und seinen Mitarbeitern, der viel stärker im Bewusstsein der Menschen wirkt als alles Geschriebene. Er beinhaltet die in Abschn. 2 des Kapitels „Vertrauensbildung im Unternehmen" beschriebenen sieben Vertragstitel, die auf die Bedürfnisse der Menschen in ihrem Arbeitsleben zurückgehen. Auch die Vertragserfüllung in den Augen der Mitarbeiter ist messbar und damit gestaltbar.

Strategische, organisatorische und personelle Veränderungen müssen Sie heute auf ihre Anforderungen an und ihre Auswirkungen auf diese drei Aktionsfelder hin überprüfen, um Vertrauensschwund zu vermeiden. Verstöße geschehen meist unbewusst und bestätigen in den Augen der Menschen heute sehr schnell, dass das im Umfeld herrschende Misstrauen auch in Ihrem Unternehmen berechtigt ist.

Sich der Wechselbeziehung zwischen Vertrauensklima, Führungsverhalten und unsichtbarem Vertrag bewusst zu sein und dem Misstrauen keinen dauerhaften oder gar wachsenden Raum zu lassen, ist heute eine der entscheidenden Management-Herausforderungen, denen Sie gewachsen sein müssen. Die methodischen Ansätze, die Sie dafür brauchen, kennen Sie jetzt.

Epilog

Die Fallbeispiele der Unternehmen A bis I, die Sie in diesem Buch nachvollziehen konnten, entsprechen wahrscheinlich jeweils nur sehr partiell der Situation in Ihrem Unternehmen. Wir haben sie ausgewählt, weil sie insgesamt symptomatisch für die Rolle sind, die Vertrauen bei der Ausrichtung auf neue Herausforderungen spielt – Herausforderungen, wie nahezu alle Unternehmen, die wir kennengelernt haben, sie heute bewältigen müssen.

Was ist das Symptomatische an diesen Fallbeispielen? Was sagen sie uns über die Rolle und Wirkung von Vertrauen? Und über den Umgang damit? Die „Message" stellt eine für viele Unternehmensleitungen gültige Antwort auf die Frage dar, die wir im Prozess der Arbeit an diesem Buch aufgeworfen haben und die sich im Arbeitstitel niederschlug – „Ende des Vertrauens? Warum und wie wir das verhindern müssen".

- Unternehmen müssen heute in einem Umfeld bestehen, das von hohen Unsicherheiten und grassierendem Misstrauen geprägt ist.
- Viele Unternehmen müssen infolge von Wachstum, veränderten Wettbewerbsbedingungen und Führungswechseln selbst einen internen Wandel verkraften, der ihre inneren Vertrauensbeziehungen beeinträchtigt.
- Durch die schleichende Verschlechterung des Vertrauensklimas in den Unternehmen und in ihrem Umfeld werden ihre Kosteneffizienz, ihre Flexibilität und ihre Innovationsfähigkeit auf eine Weise reduziert, die immer weniger akzeptabel ist.
- Der Vertrauensschwund bis hin zum Ende des Vertrauens würde einen organisationalen Burnout bewirken, wie wir ihn in einer wachsenden Zahl von Unternehmen erleben. Die Unternehmen müssen daher schon aus Gründen der Selbsterhaltung gegen den internen Vertrauensschwund angehen und eine neue Vertrauensbasis schaffen, um den internen und externen Herausforderungen gewachsen zu sein.

T. Sommerlatte, J.-L. Fallou, *Quintessenz der Vertrauensbildung,* Quintessenz-Reihe,
DOI 10.1007/978-3-642-31385-1_8, © Springer-Verlag Berlin Heidelberg 2012

- Diese neue Vertrauensbasis lässt sich nicht mit den bisher praktizierten Führungsansätzen schaffen, sondern muss auf einem neuen Einvernehmen zwischen dem Unternehmen, seinen Führungskräften und seinen Mitarbeitern beruhen, einem neuen unsichtbaren Vertrag, der das Vertrauensklima stabilisiert.
- Vertrauenswürdigkeit und Vertrauensbildung können in den Unternehmen nur entstehen, wenn die Unternehmensspitze von deren Rolle und Wirkung überzeugt ist und diese Überzeugung sich in einem ausgeprägten Vertrauensklima auf oberster Führungsebene niederschlägt. Erst dann kann das Vertrauensklima kaskadenartig ins Unternehmen vordringen und dieses zu einer vertrauensbasierten Organisation werden lassen.
- Die wichtigsten Führungsaufgaben wie die Entwicklung von Wachstumsinitiativen, die Aktivierung von Innovationsleistung, die Leistungssteigerung von Teams, die Integration von oder Zusammenarbeit mit anderen Organisationen, die Mobilisierung für eine neue strategische Ausrichtung und die Produktivitätssteigerung durch Transformation des Geschäftsmodells können in einer vertrauensbasierten Organisation weitaus erfolgreicher erfüllt werden.

Dieses Buch hat mehrere Iterationen durchlaufen, in denen Vertrauensforscher, Unternehmensleiter und erfahrene Führungskräfte-Coaches dazu kritisch Stellung bezogen und provozierende Kommentare abgegeben haben. Viele dieser Anmerkungen haben wir berücksichtigt; bei einigen sind wir jedoch bei dem geblieben, was uns unsere langjährige eigene Erfahrung gelehrt hat. Lassen Sie uns einige dieser Einwände, Bedenken und unterschiedlichen Sichtweisen sowie unsere Überlegungen und Erfahrungen dazu zur Debatte stellen:

▶ **Einwand 1** Es kann nicht darum gehen, Misstrauen als schädlich und seine Verdrängung durch Vertrauen als erstrebenswert anzusehen. Misstrauen ist vielmehr die notwendige und wünschenswerte Grundeinstellung gegenüber Menschen, die mit Vollmachten und Rechten ausgestattet sind. Ohne aktives Misstrauen erliegen sie der Versuchung, ihre Vollmachten und Rechte zu ihrem Vorteil auszunutzen. Die Beispiele dafür sind Legion.

Unsere Überlegung/Erfahrung Misstrauen ist zu Beginn einer Beziehung mit einer anderen Person eine kluge Verhaltensweise, denn es hilft, Risiken der Übervorteilung und Schädigung, der Täuschung und Fehleinschätzung, der Unzuverlässigkeit und Enttäuschung zu minimieren. Auf dieser Qualität der Beziehung zu verharren, bedeutet jedoch, auf ein Potenzial der Beziehung zu verzichten, das zu erkunden und auszuschöpfen lohnenswert und vernünftig ist. Die Erkundung dieses Potenzials kann je nach Konstellation auf verschiedene Weise erfolgen, beinhaltet aber immer ein dosiertes Maß an Vertrauensvorschuss, eine begrenzte Bereitschaft, das Risiko einer Enttäuschung, eines Schadens einzugehen. Aus der Verhaltensreaktion der anderen Person leitet sich ab, ob der Vertrauensvorschuss gerechtfertigt scheint und ob man ihn erweitert, sodass in einem fließenden Übergang schließlich das bestmögliche, auf Gegenseitigkeit beruhende Vertrauensniveau erreicht wird. Der Abbau von Misstrauen wirkt sich in den weitaus meisten Fällen für jeden der Beteiligten und für ihr Zusammenwirken positiv aus, darüber sind sich alle Vertrauensforscher einig, es entspricht auch der persönlichen Erfahrung der Menschen, mit denen wir zu tun haben.

Unbestritten sind aber auch die Ausnahmen, die Fälle von „Moral Hazard", in denen die Vertrauenden getäuscht, enttäuscht und geschädigt werden. Daher ist Vorsicht angebracht. Unbestritten ist auch, dass es Gegnerschaften gibt, bei denen sich unterschiedliche Überzeugungen, Interessen oder Lager gegenüberstehen. Vertrauen kann in solchen Situationen aber dennoch dafür aufgebaut werden, dass die Gegner sich gegenseitig faires Verhalten in der Auseinandersetzung und bei der Gewinnung von Unterstützern beweisen, die von beiden Seiten umworben werden. Als Mittel der Auseinandersetzung der anderen Seite vorgetäuschte, unlautere oder verlogene Argumente und Verhaltensweisen zu unterstellen und dadurch ihr gegenüber prinzipielles Misstrauen zu schüren, ist jedoch für die Gesellschaft, in der sich das abspielt, destruktiv. Die Politik- und Medienverdrossenheit, die wir gegenwärtig in Deutschland erleben, geht unserer Interpretation nach auf das Schüren prinzipiellen Misstrauens als politisches und mediales Instrument zurück und schadet allen.

▶ **Einwand 2** Die Zahl der Autoren und Bücher zum Thema Vertrauen ist in den letzten 20 Jahren stark angestiegen. Inzwischen ist doch alles gesagt, was zum Thema Vertrauen gesagt werden kann.

Unsere Überlegung/Erfahrung Wir haben die Literatur über Vertrauen in all den Jahren unserer Auseinandersetzung mit Führungsfragen weitgehend verfolgt und herangezogen. In der Tat ist beachtlich, wie zahl- und erkenntnisreich die Veröffentlichungen sind (siehe auch unser Literaturverzeichnis). Allerdings besteht der weitaus größte Teil davon aus wissenschaftlichen Untersuchungen, Analysen und Theorien, deren Nutzung in der unternehmerischen Praxis noch sehr begrenzt ist. Die Bedeutung und die operativen und ökonomischen Auswirkungen von Vertrauen sind inzwischen zwar unbestreitbar, die meisten Unternehmensführer stufen sie aber als „weiche" Faktoren ein, die sie nicht managen können. Zudem wird in der wissenschaftlichen Literatur davor gewarnt, Vertrauen für Performanceziele instrumentalisieren zu wollen. Nur sehr wenige der erschienenen Bücher über Vertrauen wenden sich an Führungskräfte und enthalten praktische Hinweise zur Entwicklung von Vertrauenswürdigkeit und zur Vertrauensbildung im Unternehmen. Das bekannteste davon ist das Buch „Vertrauen führt. Worauf es im Unternehmen wirklich ankommt“ von Reinhard K. Sprenger (2007), der den Schwerpunkt auf interpersonales Vertrauen legt und zeigt, wie Manager, die Vertrauen zu ihrem Führungsprinzip machen, damit entscheidende Wettbewerbsvorteile erreichen. Während Sprenger sich an die Einsicht und Initiative der einzelnen Führungskraft wendet, zeigen wir aufgrund unserer eigenen praktischen Führungserfahrung auf, dass die Initiative der einzelnen Führungskraft sich nur behaupten kann, wenn die Organisation, in der die Führungskraft agiert, insgesamt ein Vertrauensklima entwickelt, in dem ein unsichtbarer Vertrag zwischen den Führungskräften und den Mitarbeitern regelt, worauf alle vertrauen können. Wie eine solche vertrauensbasierte Organisation gestaltet und gemanagt werden kann, ist der USP unseres Buches.

- **Einwand 3** Vertrauen kann man nicht „machen“!

Unsere Überlegung/Erfahrung In der Tat kann eine Unternehmensleitung nur Entwicklungen fördern und steuern, deren Status bestimmbar ist und deren Einflussfaktoren ausreichend bekannt sind, sodass sie darauf Einfluss nehmen kann. Unsere Erfahrung bei mehr als 20 Interventionen in Unternehmen hat uns gezeigt, dass drei Arbeitsmodelle von Vertrauen helfen, die Wechselwirkungen zwischen personalem Vertrauen, Vertrauensklima und Systemvertrauen zu bestimmen, bewusst zu machen und im Interesse aller Beteiligten zu beeinflussen. Dabei geht es nicht darum, Vertrauen zu „machen“, sondern darum zu erkennen, wo Vertrauenshindernisse bestehen und durch welche Bewusstseins- und Verhaltensänderungen sich diese Hindernisse abbauen lassen. Wir haben gesehen, dass schon das Bemühen darum bewirkt, dass die Chancen für Vertrauen steigen. Es gibt unserer Erfahrung nach keine Entschuldigung dafür, sich nicht aktiv um personales und Systemvertrauen und um ein gutes Vertrauensklima im Unternehmen zu bemühen.

- **Einwand 4** Wenn Vertrauen dabei helfen soll, mit Komplexität fertigzuwerden, dann darf das Phänomen Vertrauen nicht selbst zusätzliche Komplexität bedeuten. Angesichts der wissenschaftlichen Durchdringung des Phänomens Vertrauen und der dabei entstandenen Komplexität schrecken Manager davor zurück, sich mit den wissenschaftlichen Erkenntnissen auseinanderzusetzen.

Unsere Überlegung/Erfahrung Tatsächlich sind die wissenschaftlich erforschten Zusammenhänge und Hintergründe des Phänomens Vertrauen hochkomplex, und man muss sich umfangreich und intensiv mit ihnen beschäftigen, um sie zu verstehen. Aber ebenso wie in vielen anderen Wissenschaftsgebieten leitet sich aus den Erkenntnissen der Grundlagenforschung schließlich eine angewandte Forschung ab, die es schrittweise ermöglicht, ihre Ergebnisse in die praktische Anwendung zu überführen. Die Vertrauensforschung hat unserer Einschätzung nach den Punkt erreicht, an dem praktische Anwendungen in den Unternehmen möglich sind, wenn auch immer noch mit experimentellem Charakter, die wiederum zu Anstößen für weitere wissenschaftliche Untersuchungen und Modellbildungen führen. Die in diesem Buch beschriebenen Arbeitsmodelle des personalen und des Systemvertrauens sowie des Vertrauensklimas von Organisationen stellen aus den wissenschaftlichen Arbeiten und den praktischen Erfahrungen abgeleitete pragmatische „Tools" dar, die sich für Führungskräfte als einsehbar und handhabbar erwiesen haben.

- **Einwand 5** Die Korrelation von Vertrauen mit unternehmerischen Erfordernissen wie Innovationsleistung, Produktivität, Kosteneffizienz und Profitabilität ist nicht empirisch nachgewiesen. In der Vertrauensliteratur finden sich zwar zahlreiche Aussagen über die negativen Auswirkungen, die die Abwesenheit von Vertrauen im Unternehmen und zwischen Unternehmen hervorruft, diese Aussagen sind aber nicht durch vergleichende Messungen belegt, schon deswegen nicht, weil Vertrauen bisher nicht als für Messungen zugänglich angesehen wurde.

Unsere Überlegung/Erfahrung Es gibt inzwischen Forschungsprojekte, die die Korrelation von Vertrauen mit betriebswirtschaftlichen Größen wie Effektivität, Kooperation und Koordination, Wissensgenerierung und Innovationserfolg untersucht und quantifiziert haben (www.vertrauenskultur-innovation.de; Schilling 2011). Die Ergebnisse zeigen, dass Vertrauen durch die Herstellung positiver Bedingungen und Konsequenzen für die Beschäftigten zu einer hohen und stabilen Beziehungsqualität führt, deren Merkmale wiederum sehr gut mit den betriebswirtschaftlichen Größen korrelieren. Diese mehrfachen Korrelationsbrücken von Vertrauensbildung und Verbesserung der Beziehungsqualität hin zu betriebswirtschaftlich relevantem Output erklärt auch, warum sich in vielen der von uns beobachteten Fälle die Zeitspanne zwischen vertrauensbildendem Verhalten und wirtschaftlich spürbaren Effekten als lang erwiesen hat (Größenordnung: ein Jahr).

Literatur

Zitierte Quellen

Albach, H. (1980). Vertrauen in der ökonomischen Theorie. *Zeitschrift für die gesamten Staatswissenschaften.*

Arthur D. Little (Hrsg.). (1995a). Neudurchdenken und Redesign des Unternehmensmodells. In A. D. Little (Hrsg.), *Management der Lernprozesse im Unternehmen.* Wiesbaden: Gabler.

Arthur D. Little (Hrsg.). (1995b). *Management der Lernprozesse im Unternehmen.* Wiesbaden: Gabler.

Arthur D. Little (Hrsg.). (1997). *Management von Innovation und Wachstum.* Wiesbaden: Gabler.

Bailom, F., & Kausl, A. (2011). Innovate or Die – oder warum wir gerade deshalb zu Musterbrechern werden müssen. *Perspectives – Management Journal,* Innsbruck.

Barney, J. B., & Hansen, M. H. (1994). Trustworthiness as a source of competitive advantage. *Strategic Management Journal, 15,* (Special issue), 175–190.

Beck, U. (1986). *Risikogesellschaft: Auf dem Weg in eine andere Moderne.* Frankfurt a. M.: Suhrkamp.

Bijlsma, B., & Koopmann, P. (2003). Introduction: Trust within Organizations. *Personal Review, 32*(5), 543–555.

Brandenburg, T. (2005). Vertrauen in Veränderungsprozessen. In T. Brandenburg & M. T. Thielsch (Hrsg.), *Praxis der Wirtschaftspsychologie.* Münster: MV Wissenschaft.

Covey, S. M. R. (2009). *Schnelligkeit durch Vertrauen – Die unterschätzte ökonomische Macht.* Offenbach: Gabal.

Davis, J. H., Schoorman, F. D., Mayer R. C., & Tann, H. H. (2000). The trusted general manager and business unit performance: Empirical evidence of a competitive advantage. *Strategic Management Journal, 21,* 563–576.

Die 100 besten Arbeitgeber im Mittelstand 2011. (2011). compamedia GmbH, Überlingen.

Die 100 innovativsten Unternehmen im Mittelstand 2011. (2011). compamedia GmbH, Überlingen.

Drucker, P. (1999). *Management im 21. Jahrhundert.* Düsseldorf: Econ

Eberl, P. (2003). *Vertrauen und Management.* Stuttgart: Schäffer-Poeschel.

European Group of Organizational Studies (EGOR). (2011). SWG 02: Organizational Trust. www.egosnet.org.

T. Sommerlatte, J.-L. Fallou, *Quintessenz der Vertrauensbildung,* Quintessenz-Reihe,
DOI 10.1007/978-3-642-31385-1,

Fallou, J. L., & Sérieyx, H. (2010). *La confiance en pratique – des outils pour agir*. Paris: Editions Maxima.
First International Network on Trust (FINT). (2011). www.fintweb.org.
Fox, A. (1974). *Beyond contract work, power in trust relations*. London: Faber and Faber.
Giddens, A. (1999). *Konsequenzen der Moderne, 3. Aufl.* Frankfurt a. M.: Suhrkamp.
Gilbert, D. U. (2007). Vertrauen als Gegenstand der ökonomischen Theorie – Ausgewählte theoretische Perspektiven, empirische Einsichten und neue Erkenntnisse. *Zeitschrift für Management (ZfM), 1.*
Greif, S., Runde, B., & Seeberg, I. (2004). *Erfolge und Misserfolge von Change Management.* Göttingen: Hogrefe.
Greve, G. (2010). *Organizational Burnout. Das versteckte Phänomen ausgebrannter Organisationen.* Wiesbaden: Gabler.
Gutenberg, E. (1979). *Grundlagen der Betriebswirtschaftslehre, Bd. 2: Der Absatz.* Berlin: Springer.
Luhmann, N. (1989). *Vertrauen: Ein Mechanismus der Reduktion sozialer Komplexität, 3. Aufl.* Stuttgart: UTB.
Luhmann, N. (2001). Vertrautheit, Zuversicht, Vertrauen. Probleme und Alternativen. In M. Hartmann & C. Offe (Hrsg.), *Vertrauen. Die Grundlage des sozialen Zusammenhalts.* Frankfurt a. M.: Campus.
Nur eine Minderheit der Mitarbeiter wird am Gewinn beteiligt. (5. Sept. 2011). *FOCUS.*
OrganisationsEntwicklung. (2012). Unternehmen Vertrauen – Zwischen Freiraum und Kontrollzwang, 1/12, München, Düsseldorf.
Rippberger, T. (1998). *Ökonomik des Vertrauens. Analyse eines Organisationsprinzips.* Tübingen: Mohr Siebeck.
Robinson, S. L. (1996). Trust and breach of the psychological contract. *Administrative Science Quarterly, 41,* 574–599.
Rousseau, D. M. (1995). *Psychological contracts in organizations: Understanding written and unwritten agreements.* Thousand Oaks: Sage.
Schäffer, U. (2001). *Kontrolle als Lernprozess.* Wiesbaden: Gabler.
Schilling, K. (2011). Konstruktion eines Inventars zur Analyse von Führungseffektivität als Grundlage für Coaching & Beratung. Unveröff. Diplomarbeit, Humboldt-Universität zu Berlin.
Scholl, W. (2011). Vertrauen in Organisationen. In *Vertrauen schaffen in einer immer komplexeren Welt. Forschung und Austausch zwischen Wissenschaft und Wirtschaft zu einer für die Unternehmensführung essentiellen Herausforderung,* Trust Management Institut e. V., Wiesbaden.
Schumpeter, J. (1952). *Theorie der wirtschaftlichen Entwicklung, 5. Aufl.* Berlin: Drucker & Humblot.
Schweer, M., & Thies, B. (2003). *Vertrauen als Organisationsprinzip. Perspektiven für komplexe soziale Systeme.* Bern: Huber.
Schweer, M., Siebertz-Reckzeh, K., & Wolking, M. (2011). Vertrauens-Managementsysteme – Expansion auf dem Boden von Vertrauen. Perspectives – *Management Journal,* Innsbruck.
Sprenger, R. K. (2007). *Vertrauen führt. Worauf es im Unternehmen wirklich ankommt.* Frankfurt a. M.: Campus.
Stratorg. (2007a). Bâtir la confiance pour une performance durable et harmonieuse, no. 1: De la confiance en général à la confiance dans l'entreprise, Paris.

Stratorg. (2007b). Bâtir la confiance pour une performance durable et harmonieuse, no. 3: Mesurer la confiance au sein de l'entreprise. Le contrat invisible, Paris.
Stratorg (2008a). Bâtir la confiance pour une performance durable et harmonieuse, no. 2: Mesurer la confiance au sein de l'entreprise. Le climat de confiance, Paris.
Stratorg. (2008b). Bâtir la confiance pour une performance durable et harmonieuse, no. 5: Bâtir la confiance pour franchir un cap de performance, Paris.
Weibel, A. (2011). Vertrauen und Kontrolle in einer komplexen Welt. In *Vertrauen schaffen in einer immer komplexeren Welt. Forschung und Austausch zwischen Wissenschaft und Wirtschaft zu einer für die Unternehmensführung essentiellen Herausforderung*, Trust Management Institut e. V., Wiesbaden.
Welch, J. (2001). *Was zählt. Die Autobiographie des besten Managers der Welt.* Düsseldorf: Econ.
Willke, H. (2011). Systemische Risiken und Systemvertrauen als zentrale Kategorien des Trust-Managements. In *Vertrauen schaffen in einer immer komplexeren Welt. Forschung und Austausch zwischen Wissenschaft und Wirtschaft zu einer für die Unternehmensführung essentiellen Herausforderung*, Trust Management Institut e. V., Wiesbaden.
Williamson, O. E. (1993). Calculativeness, trust, and economic organization. *Journal of Law and Economics, 36,* 453–486.

Weitere Literatur zum Thema Vertrauen

Barber, B. (1983). *The logic and limits of trust.* New Brunswick: Rutgers University Press.
Bauer, W. (1996). *Mut zum Vertrauen: Vom Gegeneinander zum Miteinander.* Frankfurt a. M.: Campus.
Becke, G. et al. (2012). Unternehmen Vertrauen – Zwischen Freiraum und Kontrollzwang. OrganisationsEntwicklung 31(1), 4–62.
Bleicher, K. (1992). Change Management: Das Prinzip Vertrauen als neue Herausforderung. In W. Burckhardt (Hrsg.), *Schlank, intelligent und schnell.* Wiesbaden: Gabler.
Cichy, U., Matul, C., & Rochow, M. (2011). *Vertrauen gewinnt – Die bessere Art, ein Unternehmen zu führen.* Stuttgart: Schäffer-Poeschel.
Crozier, M., & Friedberg, E. (1977). *L'acteur et le système.* Paris: Le Seuil.
Dupuis, F. (2011). *Lost in management. La vie quotidienne des enterprises au XXIième siècle.* Paris: Le Seuil.
Gambetta, D. (1988). Can we trust trust? In *Trust-making and trust breaking cooperative relations.* New York: Blackwell.
Götz, K. (2006). *Vertrauen in Organisationen.* München: Rainer Hampp.
Hartmann, M. (2011). *Die Praxis des Vertrauens.* Berlin: Suhrkamp.
Kramer, R. M. (1999). Trust and Distrust in Organizations. *Annual Review of Psychology, 50,* 569–598.
Scholl, W., & Kunert, S. (2011). Mode oder Methode? Die Bedeutung von Vertrauen für Innovationsprozesse. *praeview. Zeitschrift für innovative Arbeitsgestaltung und Prävention, 2*(4), 18–19.
Seifert, M. (2001). *Vertrauensmanagement im Unternehmen.* München: Rainer Hampp.

Über die Autoren

Tom Sommerlatte

Jean-Luc Fallou

Tom Sommerlatte und Jean-Luc Fallou verbindet eine lange gemeinsame Erfahrung bei der internationalen Consulting-Firma Arthur D. Little (ADL), die bis in die späten 1990er-Jahre führend auf dem Gebiet der Innovationsstrategieberatung war und die namhaftesten europäischen Unternehmen zu ihren Klienten zählte.

Tom Sommerlatte baute die deutschen, österreichischen und Schweizer Niederlassungen der Firma auf, bevor er mit der Leitung des gesamten europäischen Consulting-Geschäfts der Firma betraut wurde. Jean-Luc Fallou war Geschäftsführer der französischen Niederlassung in Paris und als Mitglied des europäischen Direktorats für die Entwicklung der europäischen ADL-Akademie verantwortlich, in der die Mitarbeiter mit dem Consulting-Know-how der Firma vertraut gemacht wurden.

Beide verließen die Firma in den späten 1990er-Jahren, weil sie der vom amerikanischen CEO eingeleiteten Umorganisation kein Vertrauen schenken konnten.

Tom Sommerlatte übernahm eine Honorarprofessur an der Universität Kassel, ist Mitglied und Vorsitzender mehrerer Beiräte und Aufsichtsräte, verfasste eine

T. Sommerlatte, J.-L. Fallou, *Quintessenz der Vertrauensbildung*, Quintessenz-Reihe, DOI 10.1007/978-3-642-31385-1, © Springer-Verlag Berlin Heidelberg 2012

Reihe von Büchern zu Führungsthemen und war auch weiterhin für ausgewählte Unternehmen beratend tätig. Jean-Luc Fallou trat in die französische Consulting-Firma Stratorg ein, deren Mehrheit er übernahm und die unter seiner Leitung das Beratungsthema Vertrauensmanagement entwickelte.

Im Jahr 2011 gründete Jean-Luc Fallou zusammen mit Partnern, Spitzenführungskräften der französischen Wirtschaft und namhaften französischen Soziologen die Stiftung Trust Management Institut, während Tom Sommerlatte parallel dazu in Deutschland das Trust Management Institut e. V., Wiesbaden, gründete, in dessen wissenschaftlichem Beirat führende deutsche Wissenschaftler der Organisationspsychologie, der Soziologie, der pädagogischen Psychologie und der Vertrauensforschung vertreten sind und das den Transfer wissenschaftlicher Erkenntnisse der Vertrauensforschung in die unternehmerische Praxis zum Ziel hat (siehe www.trust-management-institute.com).